AF792808

SİNAN CANAN

İFA

İNSANIN FABRİKA AYARLARI

BEDEN

tutikitap

İNSANIN FABRİKA AYARLARI - 1
Beden

SİNAN CANAN

ISBN: 978-605-9218-60-3
1. Baskı: Ekim 2019
3. Baskı: Kasım 2019

Yayın Hakları:
© Sinan Canan
© Nefes Yayıncılık A.Ş.
Sertifika No: 15747
Tuti Kitap, Nefes Yayıncılık markasıdır.

Tüm hakları saklıdır. Bu kitabın tümünün veya içeriğinin
herhangi bir bölümünün yayıncının yazılı izni olmadan, fotokopi dahil,
elektronik ya da mekanik herhangi bir yolla çoğaltılması yasaktır.

KREATİF EDİTÖR: Elif Hilâl Doğan
KAPAK TASARIM: Özle Çetinkaya
SAYFA DÜZENİ: Melik Uyar

İÇ BASKI/CİLT: İnkılap Kitabevi Yayın Sanayi ve Ticaret A.Ş.
Çobançeşme Mah. Sanayi Cad. Altay Sk. No:8
Yenibosna / İstanbul Tel: (212) 496 11 11
Matbaa Sertifika No: 44066

TUTİ KİTAP
Bağdat Cad. No:167/2 Çatırlı Apt. B Blok D:4
Göztepe / Kadıköy / İstanbul
Tel: (216) 359 10 20 Faks: (216) 359 40 92
www.tuti.com.tr
tutikitap@tuti.com.tr
/tutikitap
/tutikitap
/tutikitap

SİNAN CANAN

İFA

İNSANIN FABRİKA AYARLARI

BEDEN

tutikitap

SİNAN CANAN

Üç çocuk babası; biyoloji mezunu; fizyoloji doktoru; sinirbilim sevdalısı; "kaotik ve fraktal" olan her şeye tutkun; bilgiye ve hikmete dair her öğrendiğini herkese anlatma takıntısından mustarip; hayatın tek bir işle uğraşmak için fazla uzun, insanın ise tek bir işle ömrünü tüketmek için fazla karmaşık olduğuna ikna olmuş; hikmet ve şahitlik peşinde, nefes alan, yemeyi-içmeyi seven; zanları, hataları ve kusurları ile insanlardan bir insan...

İletişim Bilgileri:

www.sinancanan.net

www.acikbeyin.com.tr

sinancanan@acikbeyin.com

sinan.canan@uskudar.edu.tr

/drsinancanan

/sinancanan

/sinancanan

İÇİNDEKİLER

Bir bakışta İFA "İnsanın Fabrika Ayarları":

I. KİTAP: BEDEN

İFA-1: Hareket

İnsan bedeni oturmak ve hareketsiz kalmak için tasarlanmamıştır. Hareketsizlik bizi hasta eder.

İFA-2: Az, Çeşitli ve Aralıklı Yemek

Doğada hayatta kalmak için uyumlanmış beslenme sistemimiz, modern dünyada aşırı beslenme sorunlarından dolayı başımıza büyük dert oluyor.

II. KİTAP: İLİŞKİLER VE STRES

İFA-3: Olumlu ve Zengin Sosyal İlişkiler

Diğer insanlar olmadan, sevmeden ve sevilmeden, güvenebileceğimiz az sayıda insanla beraber olamadan yaşayamıyoruz; ömrümüz kısalıyor ve erkenden ölüyoruz.

İFA-4: Düşük Stresli Bir Yaşam

Doğal ortamımızdan kopup şehirlere yerleşmeye başladığımızdan beri en önemli sorunumuz, doğada işimize çok yarayan stres sisteminin her gün aktif olması. Stresi yönetmeyi öğrenmeliyiz.

III. KİTAP: SINIRLARI AŞMAK

İFA-5: Sınırları Aşmak

İnsan; içinde bulduğu biyolojik, sosyal, kültürel ve teknik sınırları aşmak gibi bir güdüyle dünyaya gelir. Bu güdüyü bir şekilde tatmin edemeyenler mutsuz yahut hasta olurlar. Biyolojik, kültürel, psikolojik ve teknik sınırları zorlama güdüsünün biyolojik temellerini anlamak, bu güdüyü ne yönde kullanmamız gerektiğini de büyük oranda aydınlatmaktadır.

Elinizde bulunan bu kitap;

Yetişmemde ve öğrenmeye olan tutkulu merakımda en büyük payın sahibi rahmetli dedem **Mehmet Emin Canan**'a;

(Keşke bunları sana da gösterebilseydim... Ve sen bana yine cömertçe dualar etseydin...)

Doğduğum günden beri hep yanımda ve arkamda olan hem destekleri hem de dualarıyla beni ayakta tutan annem ve babam, **Güzin** ve **Mustafa Canan**'a;

(Biliyorum, daha çok görüşmemiz lazım ama biliyorsunuz durumları... Kalbim sizinle...)

Bu dünyada vesile olduğum en önemli, en güzel meyveler olan **Aybike Canan, Metehan Canan, Melike Canan** ile sevgili anneleri **Bige Canan**'a;

(Size edebileceğim en büyük dua, "inşallah sizin gibi çocuklara anne-baba olasınız" demek olurdu sanırım; siz varsanız, her şey güzel...)

AçıkBeyin'i kurmamıza, yepyeni bir dünyaya yelken açmamıza, bütün bunların ve daha fazlasının toparlanmasına neden olan; bize yepyeni yollar açan sevgili dert ve iş ortağım, yol arkadaşım **Ayşe Müge Doğan**'a;

(İnancın sayesinde oluyor bunlar...)

Yıllardır efendiliği, çalışkanlığı ve insanlığı ile hayatıma renk ve ahenk katan sevgili kardeşim **Gökay Bizkevelcioğlu**'na ve tüm **AçıkBeyin ailesine**;

(Siz olmasaydınız bu iş zordu...)

Yayıncım olarak başladığımız tanışıklığımızı gerçek bir dostluk ve kardeşliğe dönüştüren, samimiyet ve sekine limanımız, sevgili kardeşim **Kerim Güç**'e ve onun nezdinde gerçek bir aile olan tüm **Tuti Kitap ailesine**;

(Seni bulan, çok şey bulmuş demektir...)

Hem AçıkBeyin hem de Tuti Kitap ailemizin nadide üyelerinden; bu kitapta da büyük emekleri olan sevgili **Elif Hilâl Doğan**'a;

(Sen ne acayip bir insansın... Allah sayınızı artırsın!)

Üsküdar Üniversitesi bünyesinde tüm bu çalışma ve eğitim faaliyetlerimi yapmamı sonuna kadar destekleyip bana tüm kapılarını açan, birlikte çalışmaktan büyük keyif aldığım sevgili hocamız **Prof. Dr. Nevzat Tarhan**'a ve **Üsküdar Üniversitesi ailesine;**

(Kurmayı düşündüğüm "beyin bilimleri tabanlı ilk tematik üniversite"yi benden önce kurduğunuz ve çıtayı yükselttiğiniz için de teessüfler...)

Sohbetleriyle zihnimi parlatan, zekasıyla ışıldayan, beni yazarlığımla tekrar barıştıran ve dostluğuyla hayatımızı güzelleştiren sevgili dostum **Murat Menteş**'e;

(İstanbul'un kalabalığını seni az görebildiğim için sevmiyorum; yoksa başka sebebi yok...)

Buradaki fikirlerin pek çoğunun kuluçka merkezi olan **Çamtepe "Yaşam Okulu"**muzun annesi, kadim dostum sevgili **Güneşin Aydemir**; rahmetli kardeşim **Victor Ananias** ve tüm **Yaşam Okulu ailesine;**

(Bazı iyilikler yapılırken gerçek boyutları anlaşılmaz ya; bu da öyle bir şey...)

Dostluğu, desteği, varlığı ve tüm kattıkları için can dostum **Atıl Albayrak**'a;

(Temiz insan nedir, sayende biliyorum...)

Felsefeyi bana tekrar sevdiren, her sohbetinde kafamda şimşekler çaktıran sevgili "uyumsuz" dostum **Osman Börütecene**'ye;

(Beni susturabilecek kadar konuşabilen şimdilik tek adamsın!)

Dostluğu, sohbeti, anlayışı ve açık zihni için kıymetli dostum **Mustafa Can**'a;

(Önce Can Sonra Canan...)

Tanıştığımız günden beri beni her fırsatta "gaza getiren", sohbetlerimizde cesaret, dostluğuyla güven veren, sevgili abim **Ali Çavuşoğlu**'na;

(İnşallah o evrim kitabını da bir gün yazacağız!)

Yazarlığa başlama maceramdaki en büyük vesilelerden birisi olan sayın **Yavuz Selim**'e;

(Görüşmüyor olabiliriz ama hakkın bakidir...)

Düşünce dünyamı inşa etmekte çok büyük rol oynayan Sayın **Alev Alatlı** ve Sayın **Dücane Cündioğlu** başta olmak üzere fikirlerinden istifade ettiğim tüm fikir işçilerine;

(Allah sizden razı olsun...)

Bende büyük emekleri ve katkıları olan, dünyaya bakışımı şekillendiren sevgili hocalarım (rahmetli) **Turan Ergün** (İlkokul), **Saadet Şaşmaz** (İlkokul), **Sema Giritlioğlu** (Lise), **Prof. Dr. Ali Demirsoy** (Lisans), **Prof. Dr. Aşkın Tümer** (Lisans), **Prof. Dr. Veysel Sönmez** (Lisans), **Prof. Dr. Süleyman Kaplan** (Y. Lisans); **Prof. Hans Jorgen Gundersen** (Y. Lisans), **Prof. Bente Pakkenberg** (Y. Lisans) ve **Prof. Dr. Cafer Marangoz**'a (Doktora);

(Bunca ve daha nice ustanın özenle dokuduğu bir dantel gibi hissediyorum bazen kendimi... Fakat bazı ilmeklerde sorun var sanki...)

Bilgi, fikir ve görüşlerimizi kamuoyunda milyonlarca insanla paylaşmamıza ve bu sayede bilim ve bilimsel düşüncenin bu toplumda çok daha fazla ilgi görmesine doğrudan aracı olan değerli yayıncı dostlarım **Pelin Çift, Ebru Yücel, Deniz Bayramoğlu, Şafak Altun, Serdar Akdoğar, Kübra Par, Veyis Ateş, Fatih Altaylı, Ertan Özyiğit** ve bilimi, düşünceyi, yeni fikirleri medyaya taşımaya gayret eden diğer tüm medya emekçilerine,

(Sınırları zorladınız, bilmem farkında mısınız ama bir devrime yardım ve yataklık ettiniz... İyi ettiniz...)

Bilim anlatıcılığı macerasına ilk başladığımız zamanlarda bizi cesaretlendiren, Türkiye'de bilim kültürünü yerleştirmek için büyük bir özveriyle çalışan ve bu yolda hiçbir desteği esirgemeyen

[n]Beyin'in mimarlarından sevgili **Nihat Çevik** ve tüm eski çalışma arkadaşlarıma;

(Her ayrılış, her bitiş, son demek değildir...)

Yıllardır yazdığım yazıları, kitapları takip eden, TV programları ve Youtube yayınlarını izleyen ve sürekli olarak daha iyisini daha fazlasını yapmam için beni cesaretlendiren bilgi ve irfan dostu siz sevgili **okur ve takipçilerime**;

(Siz enteresansınız...)

Şimdiye kadar düzenlediğimiz başta İnsanın Fabrika Ayarları (İFA) ve AçıkBeyin çocuk kampları olmak üzere tüm eğitim organizasyonlarımıza katılıp bizi zenginleştiren ve burada toplanan bütün bilgilerde hisseleri olan sevgili **AçıkBeyin dostlarına**;

(Siz de hep burada gibisiniz...)

Ve elbette, benim gibi bir biçareye bütün bu imkanları bahşeden ve beni "anlatma" gibi yüce bir görevle serfiraz eden **Yüce Rabb'ime**,

(Anlamayanlar da bir gün anlayacak, biliyorum ve bana bahşettiğin bu kutlu göreve elimden geldiğince devam etmeye gayret ediyorum...)

Şükran ve minnet duygularımı sunma yolundaki ömürlük çabamın ürünlerinden birisidir.

Çıplak Gerçek

19. yüzyıla ait bir efsaneye göre, Gerçek ve Yalan bir gün karşılaşırlar. Yalan, Gerçek'e: "Bugün muhteşem bir gün!" der. Gerçek, gökyüzüne bakıp iç çeker, çünkü gün gerçekten de çok güzeldir. Birlikte biraz zaman geçirirler. Derken bir kuyuya varırlar. Yalan, Gerçek'e: "Su çok güzel, haydi birlikte yıkanalım" der. Gerçek biraz şüphelidir; suyu kontrol eder ve gerçekten de çok güzel olduğunu fark eder. Bunun üzerine ikisi de kıyafetlerini çıkartıp yıkanmaya başlarlar. Aniden, Yalan sudan çıkar, Gerçek'in kıyafetlerini giyer ve hızla kaçar. Gerçek, kuyudan çıkar; elbiselerini bulamayınca bir hayli öfkelenir. Yalan'ı bulmak ve elbiselerini geri almak için her yere koşar. Bu sırada Gerçek'i çıplak biçimde oradan oraya koşarken gören Dünya, bakışlarını küçümseme ve öfke ile geri çevirir ve onu görmek istemez.

Zavallı Gerçek, çaresizlik içinde kuyuya geri döner. Artık sonsuza dek saklanacak ve ortadan kaybolacaktır çünkü çıplaklığından çok utanmaktadır. Yalan ise o gün bugündür dünyayı dolaşmakta, Gerçek gibi giyinip toplumun ihtiyaçlarına karşılık vermektedir. Çünkü Dünya, hiçbir şekilde Çıplak Gerçek ile karşılaşmak istemez.

İFA
GİRİŞ

Biyoloji yani canlılık bilimi, şu evrende insanoğlunun karşı karşıya kaldığı belki de en acayip sorunun cevabını arayıp duruyor: Canlılık nedir ve nasıl çalışır? Bu soru halen bir acayip, çünkü canlılığın ne olduğunu henüz hiç kimse tarif edebilmiş değil. Bırakınız insan gibi karmaşık bir yapılanmayı, tek hücreli bir canlının bile nasıl canlı olduğunu, onu canlı yapan şeyin aslında ne olduğunu bilmiyoruz. Son derece gelişmiş teknolojimiz ve bilimsel bilgimize rağmen halen sıfırdan canlı bir hücre yaratamıyor oluşumuz bunun en açık göstergesi. Canlılık, bildiğimiz kadarıyla sıradan maddenin son derece girift bir biçimde organize olmasıyla ortaya çıkıyor. Maddi dünyanın nasıl işlediğini çözmeye çalışan bilim için bedenlerimizi oluşturan maddelerin neler olduğunu anlamak bugün artık oldukça kolay. Elimizde canlı yapısına katılan maddelerin tastamam bir listesi var. Bunların tamamı da bildiğimiz kimyasal maddeler, elementler. Bilmediğimiz bir şey yok içlerinde. Fakat bunları bir araya getirerek bir canlılık ortaya çıkartmak sandığımız kadar kolay olmuyor. Şu anda ve muhtemelen yakın bir gelecekte, laboratuvarda sıfırdan bir canlı yaratmak imkânsız görünüyor. Elimizde canlı örnekleri olmasına rağmen, onlardan kopya çekerek yaptığımız taslakları bile "can" ile diriltemiyoruz. **Neticede yapamadığımız için anlayamıyor, anlayamadığımız için yapamıyoruz.** Sıfırdan üretemediğimiz canlılık ve yaşam, bu nedenle bizi aşan bir karmaşıklığa sahip; en azından şu anki ilgi ve anlayış düzeyimiz açısından...

Öte yandan en büyük insanî dertlerimizin başında kendimizi anlamak geliyor. Binlerce yıldır aslında en temel uğraşımız bu. Neden diğer canlılara bu kadar benzerken bu kadar farklı olduğumuzu, buraya neden geldiğimizi, sonuçta bu ömür bittikten sonra "nereye" gideceğimizi, neden diğerlerinin hiç kafa yormadığı meseleler üzerine; mesela, bilim, felsefe, inanç ve sanat üzerine bu kadar mesai harcadığımızı anlamaya çalışıyoruz. Kısacası, farklı olduğumuzun farkındayız ama neden böyle olduğumuzu anlayabildiğimizi söylemek, en azından bu satırların yazıldığı 21. yüzyıl başlarında pek mümkün değil.

İnsanın ne olduğuna dair sayısız öğretimiz, sayısız öneri sunuyor bizlere. Bunların önemli bir kısmı kadim dini ve geleneksel öğretiler. Hemen hepsinde insana biçilen özel bir görev, bir varlık anlamı ve bir tekâmül süreci beklentisi öne çıkıyor. Sürekli kendimizi geliştirmemiz konusunda öğütler sunan bu öğretilerin aslında birçok ortak noktası var. İslâm inancının hâkim olduğu bir kültürde büyümüş, din olarak kendine İslâm'ı seçmiş, ona göre dünyayı anlamlandırmayı uygun bulmuş bir insan ve meslek olarak bilimle uğraşma bahtiyarlığı bahşedilmiş kısmetli bir insanoğlu olarak, birçok insan gibi ben de aynı meseleyi hayatımın değişik dönemlerinde farklı açılardan irdelemek ve bu konuda veri toplamak ihtiyacı hissettim. Bu kitabın sayfalarında sizlerle paylaşmaya çalışacağım sonuçlar, öncelikle bana göre zamanımızın en önemli bilimi olan biyolojiden gelen bilgilerden kaynaklanıyor. Elbette bilimin yanılabilir doğası ve sürekli değişen gerçekliğini göz önüne aldığınızda, insanlığın temel bir sorunu olan "Biz neyiz?" meselesine sadece bilimden cevap bulabilmek henüz çok mümkün görünmüyor. Bilimsel bakış açısı olmadan bugün dünyayı doğru bir biçimde okumanın mümkün olmayacağına emin olmakla birlikte, tek başına bilimsel bilginin bizi çok da ileri bir noktaya taşıyamayacağına kanaat getirmiş bir bilim insanı olarak, "büyük sorular"a yanıt bulabilmek için "kadim bilgilerimizi" de masaya koymak gerektiğini düşünenlerdenim. Bu kadim bilgi, sadece birilerinin inandığı ve dünyanın geri kalanındaki insanların şu ya da bu nedenle geri durduğu bir dini inancın sunduğu paketlerden ibaret değildir. "Kadim bilgi" yahut "bilgelik"ten kastım, on binlerce yıllık insanlık deneyiminin tüm birikimlerinin ısrarla vurguladığı, tüm dinlerde, masallarda, anlatılarda, kıssalarda, edebi eserlerde ve felsefi metinlerde ısrarla vurgulanan temel ve genel ortak noktalardır aslında. Elbette insanlığın bu geniş alanlara yayılmış deneyim ve birikiminin tümüne hâkim olabilmek, onları tek bir zihinde fehmedebildiğini iddia edebilmek, son derece gerçek dışı bir iddia olurdu. Onun yerine, kendi inanç ve kalıp düşüncelerini "ilah" edinmeden, içine doğduğu zaman ve kültürün kendisine empoze ettiği sınırlılıkları sürekli izleyerek, tevazu içinde insanlık bilgisine kucak açma gayretiyle yaşayan bir insanoğlu olarak, zihnimde damıtılan ve şimdiye kadarki nasibimin ortak bir özeti olan bir insan ve dünya görüşünü formülleştirmek bana en makul yaklaşım gibi geliyor. Böyle bir fikri yahut açıklama çabasını inşa etme süreci ise aslında hiç bitmeyecek, bütün bir ömür boyunca sürmesi gereken, devamlı ve dinamik bir süreçtir. Böyle bir süreci, hayat henüz sona ermeden yazılı olarak kayda geçirmek ne kadar riskli olsa da başka benzersiz zihinlerde tetikleyebileceği çağrışımların zenginliği düşünüldüğünde, şahsım adına bu çabanın böyle bir riske değeceğini düşünüyorum. Bahsettiğim risk, bu satırların arasında belirli bir zaman sonra bariz hataların ve yanlış çıkarımların olduğunun fark edilme olasılığıdır.

İnsanın Fabrika Ayarları (İFA) başlığı uzun zamandır anlatmaya çalıştığım bu derdin parola nevinden kısa bir ifadesidir. Her birimiz, tek bir tür olan "insan", yahut biyolojik sınıflandırmadaki bilimsel adı ile Homo sapiens sapiens türünün bireyleri olarak, dünya yüzeyinde yaşayan milyonlarca farklı türe mensup trilyonlarca canlı gibi, bu tabiat fabrikasının bitip tükenmek bilmez üretim hatlarında serpilip inşa edildik. Maddesel bedenimiz, tamamen fiziksel dünyanın sıradan ve bilindik kimyasallarından oluşur. Bedenimizde yapısal olarak "gizemli" yahut "olağanüstü" bir şey gözümüze çarpmadı şimdiye kadar. Olağanüstü derken, tek bir hücreden oluşan bir bakteri yahut ormanda gezinen bir zebranın bedeni ne kadar "sıradan" ise biz de o kadar sıradanız. Biyolojik yapının karmaşıklığı akıllarımıza durgunluk verecek düzeydedir ama bu açıdan etrafımızı çeviren sayısız bitki ve hayvandan belirgin bir farkımız yok. Halen en basit bir meyve sineği bile bizim için insan kadar anlaşılmaz ve girift bir organizasyona sahip. Fakat en temel yapıtaşlarına indiğimizde, bildiğimiz atom ve moleküllerden yapılmışız: Karbon, hidrojen, oksijen, fosfor, magnezyum, kalsiyum, potasyum, sodyum ve diğer onlarca element. Diğer canlılarla aramızda belirgin bir fark yaratacak, "Tamam, işte bu!" diyebileceğimiz maddesel bir ipucumuz henüz yok. Yani biyolojinin bizzat kendisi, her üyesi ve konusuyla başlı başına bir muamma ve mucizedir.

Yapısal olarak bu kadar "sıradan" ve diğer "hayvanlar"la neredeyse aynı temel özelliklere sahip olmamıza rağmen "işlev" açısından aşikâr ki çok belirgin farklarımız var. Zekâmız, soyut düşünce kapasitemiz, geleceği ve geçmişi algılama biçimimiz, karmaşık dil yeteneğimiz, bilim ve felsefe gibi tuhaf uğraşlarla iştigal etmemiz ve daha nice garipliğimizle, elden ayrı, nevi şahsına münhasır bir canlıyız. Bu garip canlının yani insanın neden bu kadar garip, yegâne, tek başına ve anlaşılmaz olduğunu anlamaya çalışmak, insan türünün düşünmeye başladığı zamandan beri en kadim sorunlarının ilki gibi görünüyor. Bu çaba halen de devam ediyor ve geçen binlerce yıl boyunca bu sorunu çözüme kavuşturmak açısından çok da fazla ilerleme kat etmiş gibi durmuyoruz.

İnsanlığın ortaya çıktığı günden beri bu sorunlara kafa yoruyoruz. Fakat içinde yaşadığımız şu dönemler, adına bilim dediğimiz insan faaliyetinin evrenin çalışmasına dair ortaya koyduğu baş döndürücü bilgilerle hepimize, özellikle bu açıdan önemli bir avantaj sağlıyor. Bilim gözlüğüyle bakabildiğiniz zaman, binlerce yıldır kafamızı kurcalayan birçok soruna farklı bir bakış açısı geliştirebiliyorsunuz ve sorunlar, tabiri caizse "sadeleşiveriyor". Tam olarak hâlâ çözemeseniz de bilimsel yöntem, üzerinde düşünüp tartışabileceğiniz, bilgilerinizi geliştirmek için yeni yollar bulabileceğiniz çok verimli bir araçtır. Fakat ne çare ki gittikçe karmaşıklaşan uzmanlık alanları, üretilen anormal miktarda bilgi, teknik bilimsel dilin zorluğu gibi engeller, meslek olarak bilimden olmayan insanların bu verilere ulaşmasını ve bunları anlamlandırmasını zorlaştırıyor. Bilim mesleğinde ömür geçiren insanlar dahi farklı bilim alanlarının verilerini anlamakta ve yorumlamakta zorluk çekebiliyorlar. Sorun sadece bu da değil; her devirde olduğu gibi, inançlarımız ve ön kabullerimiz. İnsan zihninin temel "konfor ve rahatlık arzu eden devreleri" nedeniyle, dünyaya ve etrafımızda olan biten hadiselere olduğu gibi bakamıyoruz. Zihnimizi hâkimiyeti altına almış etiketler, önyargılar ve zanlarla, gözümüzün önünde olup biten olayları çarpıtabiliyor, anlamları üzerinde düşünmüyor, yok sayıyor ve hatta tamamen gör(e)meyebiliyoruz. Bu gerçekliği çarpıtma filtreleri arasında en etkili olanı kuşkusuz inançlarımız. Nereden geldiği belli olmayan, çoğu deneyim ve akıl yürütmeye dayanmayan, sınanmamış birçok inançla doludur zihinlerimiz. Ama bu "boş" inançlar, etrafımızdaki gerçeği çok başarılı bir biçimde çarpıtır ve bizi gözümüzün önündekileri göremez hale getirebilir. Özellikle kendini özel hissetmekten zevk alan, buna aşırı ihtiyaç duyan duygusal bir donanıma sahip olan biz insanlar, bizzat gözümüzün önünde cereyan eden gerçekleri, doğru olduğundan her nasılsa sorgusuz sualsiz emin olduğumuz inanç ve kabullerimiz çerçevesinde, kendi lehimize eğip bükmeye çok meyilliyiz. Mesela, bu dünyada özel olarak yaratılmış bir türün mensupları olduğumuzu düşünüyorsak bizi özel kılan her ipucunu büyük bir şevkle kucaklayıp, bizleri sıradan hayvanlar âleminin bir üyesi olarak tescilleyen her türlü fiziksel ve müspet kanıtı gör(e)memeyi becerebiliyoruz. Yahut tam tersi, bir seri şanslı "kazaların eseri" olarak burada olduğumuza inanıyorsak hayvanlarda gördüğümüze benzer özelliklerin kendimizde nasıl ortaya çıkmış olabileceğine dair gayet rahatlatıcı açıklamaları sevgi ve muhabbetle bağrımıza basarken, bir türlü akıl erdiremediğimiz ve özellikle zihinsel dünyamızda bizzat deneyimlediğimiz o elden ayrı farklılıklarımızı gör(e)meme, onlar üzerine düşün(e)meme eğilimine kolayca girebiliyoruz. İnsanın en çok zorlandığı konu belki de gerçekliğe dair dürüst bir duruş sergilemek olsa gerek.

Günümüzde biyolojik bilimlerin, özellikle de sinir ve davranış bilimlerinin insanı hayrete düşüren gelişmeleri sayesinde, insana ve diğer canlılara biraz daha farklı açılardan bakmaya nihayet başlayabildik. Artık 3,5 milyar yıldan fazla bir zamandır dünyada hüküm süren canlılık denen o garip ve destansı yolculuğun tarihi ve aşamaları hakkında çok daha fazla bilgiye sahibiz. İnsanın da en azından bedenen bu dünyayı dolduran diğer tüm canlılarla aynı ortak örüntünün doğal bir parçası olduğundan eminiz. Milyarlarca yıldır devam eden ve son bir milyar yılda gittikçe artan bir hızda ilginç aşamalar kaydeden canlılığın gelişimi, evrimsel biyoloji adlı bilim dalı tarafından oldukça detaylı bir biçimde ortaya konmaya başlamış durumda. Günümüz itibariyle artık bu devasa maceranın en son ürünlerinden birisi olan kendi türümüze ve insanın diğer sayısız canlı türü ile ilişkisine bambaşka ve bütüncül bir perspektiften bakabilme noktasına çok yakınız. Elbette günümüzün bilimsel bilgisine ve geçmişin kadim bilgeliğine eşzamanlı olarak derin bir biçimde vakıf olmak kolay bir iş olmadığından, halen insan ve insanın doğal sistemin içindeki yerine dair bütüncül bir bakış açısını tam olarak geliştirebildiğimizi söylemem zor. Fakat elimizdeki bilgi ve bilgelik, şöyle derli toplu olarak masaya konup da kuşbakışı tekrar ve tekrar incelendiğinde, hem elimizdeki devasa bilimsel bilgi yığını farklı bir anlam kazanmaya başlıyor, hem de biz kendimiz ve evrendeki diğer olay ve nesnelerin ilişkisine dair farklı ve tamamlanmaya çok yakın bir resim elde edebiliyoruz. İlerleyen sayfalarda hem bilimsel olarak insana dair bildiklerimizi hem de kadim bilgeliğimizden gelen deneyimleri yan yana koymaya çalışarak, insanın "aslında nasıl bir şey olduğuna" dair bir portre çizmeyi deneyeceğim. Elbette bu konuda bütünlüklü ve nihai olarak tatmin edici bir sonuca ulaşabildiğim iddiasında değilim. Böyle bir amacım da yok. Esas amacım, insana dair çalışan tüm bilgi alanlarının; bilim, felsefe, edebiyat, ilahiyat, sanat ve sosyal bilimlerin tüm alanlarının üzerinde yeni fikirler üretebileceği yeni bir bakış açısına örnek bir şema oluşturmaktır. Temelde biyolojik bedenimiz üzerinden ilerleyecek "İnsanın Fabrika Ayarları" anlatısının esas amacı, hangi alanda çalışırsa çalışsın, insanla ilgili yeni bilgi ve düşüncelere ulaşmak isteyenlere biraz olsun ilham verebilmektir. Ama daha önemli bir hedefim, eğer mümkün olursa, okuyan herkesin kendisi, hayatı, sağlığı ve zihinsel dünyası ile ilgili farklı bir bakış açısını bir ucundan yakalama cesaretini hissetmesidir. Zira kendimizi iyi ve konforlu hissettiğimiz inançlarımız, çoğu zaman bilgi ve gerçek deneyime dayanmayan zanlardan ibarettir ve eğer bunların dışında bir bakış açısını deneme cesaretimiz olursa aynı dünyaya bakarak yepyeni şeyler görebilme ve zihnimizin kalıplarının dışına çıkma şansımız da olacaktır diye inanıyorum.

İnsanlık yolculuğunda bir Homo sapiens sapiens yani bir "insan ferdi" olarak doğmak işin sadece başlangıç kısmıdır. İnsan kalabilmek, dahası gerçekten gelişkin bir insan olabilmek, sürekli gayret ve çaba ister. Bir kuşun uçması gibidir insan olmak: Kendisine verilen yetenekleri kullanmayı boş verdiği her durumda, kanatlarını kapatan bir kuş misali, hızla irtifa kaybeder insanoğlu. Bunun en önemli nedeni, İFA'nın en son maddesinde bahsedeceğimiz "sınırlarını aşabilme" özelliğidir. Yaratılışından, fıtratından, kendisine verilen yeteneklerden çok öteye, zihinsel kurguları ve zanları yönünde sapmalar yapabilen böyle bir canlının sıklıkla kendini hatırlaması, kendisinin kendisine hatırlatılması da gerekir. Aksi takdirde, zanları ve sanrıları içinde, beyhude çabalarla koca bir ömrü tüketip buradan büyük zararla göçebilir. Bu kitaptaki bilgiler ve yorumlar, bu "zarar"ı asgariye indirmek için insanlık tarihi boyunca gösterilen nice çabalardan istifadeyle, o çabalara minicik bir katkı gayreti olarak telakki edilirse, amacına ulaşacaktır.

Zan esarettir ve eğer cesaret varsa, esaret de eninde sonunda ortadan kalkacaktır.

OKURA NOTLAR

a. Elinizdeki ilk kitap, 3 ciltten oluşan İnsanın Fabrika Ayarları serisinin "Beden" başlıklı ilk bölümüdür. İlk iki madde olan "Hareket" ve "Az, Aralıklı ve Çeşitli Beslenme" bölümlerini içeren bu cildi, ikinci bölüm olan "İlişkiler ve Stres" başlığı takip edecek. O bölümde de üçüncü ve dördüncü ayarlarımız olan "Olumlu Sosyal İlişkiler" ve "Düşük Stres" başlıklı konuları ele alacağız. Son ayarımız olan "Sınırları Aşmak" ise aynı adlı üçüncü ve son kitapta ele alınacak. Hacmi nedeniyle üç ayrı kitapta ele almaya gayret ettiğim konular birbirleri ile bağlantılı olmakla birlikte müstakil olarak da okunabilecek özelliğe sahip. Öte yandan İnsanın Fabrika Ayarları'nın bir bütün halinde anlaşılması, konuya (yani kendimize) bütüncül bakabilmemiz için tavsiye edebileceğim en iyi seçenek.

b. Bu kitapta özellikle beyin ve beynin çalışma sistemi ile ilgili bilgiler olabildiğince özet olarak geçilmiştir. Beynin gelişimi ve işleyişiyle ilgili detaylı bilgiler için 2015 yılında yine Tuti Kitap'tan çıkan *Değişen Be(y)nim* (ISBN: 978-605-9218-08-5) başlıklı kitabımı ve piyasada konuyla ilgili mevcut birçok harika kitabı okumanızı iştiyakla tavsiye ederim.

ÇIRILÇIPLAK BİR GARİP CANLI

(İnsan)
"Yek katre-i hûnest, sâd hezârân endîşe"
(Tek damla kan ve bin bir endîşedir.)
Sadî-i Şirazî

Kendi bedeninizi hiç alıcı gözle incelediniz mi? Yani şu elbiseleriniz, iç çamaşırlarınız, takılarınız, varsa dövme ve delme (piercing) gibi eklentileriniz yani insan yapısı ilaveleriniz olmadan? Eğer bir durup da düşünürseniz çırılçıplak bir canlı olduğumuzu hemen fark edeceksiniz. Çıplak, zayıf, dayanıksız, korumasız, dış etkilere sonuna kadar açık, bu dünyanın dışından gelmiş gibi görünen garip bir bedene sahibiz.

Peki, acaba hiç bu zayıf, çıplak ve garip bedeninizi etrafınızdaki diğer canlılarla karşılaştırdınız mı? Eğer bunu yaptıysanız, insanı hayrete düşüren basit bir keşfe hemen ulaşabilirsiniz: Bedenimiz, diğer tüm canlıların tersine, herhangi bir doğal ortamla uyumlu değildir. Böceklerden bitkilere, ineklerden kuşlara kadar tüm canlıları gözünüzün önünden geçiriniz lütfen. Bizim gibi sırf hayatta kalabilmek için "elbise giymek, teknoloji üretmek, çevresini bu denli değiştirmek" zorunda olan bir başka canlı var mı? Belki şehirde büyümüş bir modern zaman insanı olarak çok az hayvan ve bitki ile gerçekten karşılaşmışsınızdır ama yine de düşünün. Bizim gibi garip bir başka canlı daha olabilir mi?

Bir biyolog olarak sizi temin ederim, bu anlamda (en azından şu anda hayatta olanlar arasında) bizim gibi ikinci bir canlı bulamazsınız. Yeryüzünde bugüne kadar keşfettiğimiz tüm canlılar, doğal yaşam ortamlarına tam olarak uyum sağlamış, hayatta kalmak için doğuştan getirdikleri özellikler dışında ilave bir teknoloji yahut donanıma ihtiyaç duymayan varlıklardır. Temel düzeyde birçok canlı alet kullanır ve etraflarındaki dünyayı çeşitli biçimlerde değiştirirler. Mesela maymunların karınca yakalamak için kullandığı ağaç dalları veya kuşların ağaç dallarına yaptıkları yuvalar, belirli düzeylerde tabiatın değiştirilmesi olarak düşünülebilir. Fakat bu örneklerden hiçbirisi, insanın tabiata kökten uyumsuz zayıflığına rağmen hayatta kalması için elzem olan değiştirme ihtiyacı ile boy ölçüşemez. Her canlı, kendi özel yaşam alanı anlamına gelen özel bir "habitat"ta yaşar. Çünkü tüm bedensel ve zihinsel donanımları o habitatın gereksinimleri ile en uyumlu olacak şekilde ayarlanmıştır. İnsan ise var olan neredeyse tüm doğal koşullarla uyumsuz bir bedene sahip olduğundan, hayatta kalmak için muhakkak çevresinde ve kendinde dikkate değer değişiklikler yapmak zorundadır.

Bu duruma bağlı olarak insanın diğer canlılardan doğal bir farkı daha çıkar karşımıza: Özel bir habitata uyumlanmamış ve var olan tüm habitatlarda bir şekilde hayatta kalabilen tek canlıdır insanoğlu. Ağaçkakanlar ormandan, maymunlar alışık oldukları ağaçlardan uzaklaşamazlar zira oranın dışında, bir çayır yahut gölde yaşamalarına imkân verecek evrimsel donanımları yoktur. Bu nedenle tüm canlılar adeta habitatlarının "mahkûmu" gibidirler. Halbuki insan, aklınıza gelen veya gelmeyen her türlü koşulda bir şekilde yaşamanın, üremenin ve biyolojik anlamda "başarılı" olmanın bir yolunu bulabilir. Denizlerin dibinde, dağların tepesinde, hatta bugün yörüngedeki uzay istasyonlarında hayatta kalabilecek derecede yüksek kabiliyetli bir varlıktır. O nedenle bugün türdaşlarımız, gezegenin her yerine yayılmış, dünyanın en çok etki yaratan türü olmayı başarmış ve şimdiden gözünü başta Mars olmak üzere başka gezegenlere dikmiş durumda.

İnsanın bu farklı durumu elbette ki kendine ve tabiata bakan herkesin aklını kurcalar. Bu dünyaya ait değil gibi gözüken, adeta bir uzay gemisinden kazara düşmüş bir yabancı yaratık gibi garip duran bu canlının durumu, izaha muhtaçtır. Bir yandan bu kadar zayıf, yetersiz ve tabiata uyumsuz olup öbür yandan da bu kadar etkili, muktedir, zeki ve baskın bir canlı türü olmamız açık bir tezat gibidir. Fakat biyoloji açısından baktığınızda, mesele büyük oranda açıklığa kavuşur.

Elimizde fiziksel olarak inceleyebileceğimiz tek şey bedenimiz. Onun dışında kalan zihinsel özelliklerimizi de çeşitli testlerle sınırlı oranda da olsa sınayabiliyoruz. Fakat öncelikle bedene baktığımızda, bu kadar ayrıksı ve farklı yapımıza rağmen, beden planımızın ve üretiliş mantığımızın yeryüzünde var olan tüm canlılarla aynı olduğunu görüyoruz. Diğer tüm canlılar gibi, aynı hammaddeden, aynı biyokimyasal sistemlerden, aynı hücrelerden ve aynı bedensel mantık içinde yaratılmışız. Tek belirgin farkımız, eksikliğimiz ve zayıflığımız. Bunun nedeni ise biraz düşününce açıklığa kavuşuyor: **Eğer bedenimiz bu kadar zayıf ve çaresiz olmasaydı, insanoğlu ve şimdi soyları tükenmiş olan yakın akrabaları, hayatta kalmak için zihinlerini bu kadar zorlamak zorunda kalmayacaklardı.** Zihinsel gücün geçer akçe olabilmesi, gelişimsel ve türün devamı açısından fayda sağlayabilmesi için, bu gücü zayıf bireylere göre açık avantajlar sağlaması gerekirdi. Zira bedenen bu kadar zayıf ama zihinsel sorun çözme yöntemleri o kadar da gelişmiş olmayan insan türevleri muhtemelen artık aramızda değiller. Var olduklarına dair elimizde açık kanıtlar var fakat artık dünyada bulunmuyorlar. Muhtemelen bir dizi nedene bağlı olarak, hayatta kalıp yeterince üreme şansı yakalayamamış olmalılar. Bize kadar özelliklerini aktarabilen atalarımız, bu çetin sorunun yani hayatta kalabilme sorununun üstesinden, sadece beden ve kas güçleri ile değil, zihinsel yetenekleri ile de geldiler. Zira bedenimiz hâlâ çıplak ama kafamız, zihnimiz, aklımız ve yenilik üretme yeteneğimiz (son birkaç bin yılda bir miktar azalsa da) hiç durmadan gelişiyor. En azından geçtiğimiz 500 bin yıl içinde durumun böyle olduğunu söyleyebiliyoruz.

İnsanoğlunun zihinsel evriminin basamakları, nasıl olup da primatlar arasından bu şekilde farklılaştığı, var olduğunu bildiğimiz yakın akraba insan türlerine nasıl üstünlük sağladığı ve neden sadece bugün adına bilimsel olarak Homo sapiens sapiens dediğimiz bizim türümüzün hayatta kalmayı başardığı tam açık değil. Elimizdeki bilimsel kanıtlar oldukça sınırlı. Fakat kesin olarak bildiğimiz bir şey var: Elli bin yıl öncesine kadar, yüz binlerce yıl boyunca bu dünya birçok "insansı" türe ev sahipliği yapmış ama bir şekilde bu amansız hayatta kalma mücadelesinin galibi, bugün dünyanın en hâkim ve belirleyici türü olan biz insanlar olmuşuz. Dolayısıyla bu garip canlıyı anlamak için bedenine baktığımız kadar, zihinsel özelliklerine de odaklanmak, hatta zihinsel melekelere çok daha dikkatli bakmak gerekiyor. Bu özelliklerin en önemli temsil yeri ise bildiğimiz kadarıyla zihnimizin evi olan beynimiz ve sinir sistemimizdir.

İNSANIN BİYOLOJİK SINIFLANDIRILMASI

İnsanın biyolojik sınıflandırmadaki yerini ilk öğrendiğinde, insanların bir kısmında ciddi bir şaşkınlık ve itiraz hissinin oluştuğunu görüyoruz. "Ne yani, biz şimdi maymun muyuz?" yahut "Maymundan mı geldik?" soruları birçok kişinin aklına takılıyor. Bu aslında oldukça doğaldır zira insan olarak kendimizi diğer hayvanlardan ayrı bir yere koyan, tabiattan kopuk bir kültürel zihin sınıflandırmasına binlerce yıldır feci şekilde gömülmüş durumdayız. Maymun derken neden bahsettiğimizi de çoğu zaman bilmeyiz. Mesela gerçek hayatta hayvanat bahçeleri dışında, doğal ortamındaki bir maymunu görenimiz var mı? Peki, sizce kaç tür "maymun" vardır? Bu soruların çoğumuzun zihnindeki karşılığı koca bir boşluktan ibarettir. İngilizcede "monkey" kelimesi maymun anlamına gelir fakat bir de yine İngilizcede "ape" kelimesiyle karşılanan başka bir "maymun" grubu daha vardır. Bunlar arada bir iki ayakları üzerinde yürüyen ve Türkçeye ancak "insansı maymunlar" olarak aktarabildiğimiz bir maymun grubudur. İşin aslı bunlara "maymun" dememiz bile ciddi bir sınıflandırma hatasıdır. Çünkü maymun aslında Türkçede de "uzun kuyruklu, ağaçtan ağaca zıplayan sevimli şeyler" anlamını çağrıştırır. Maymun tabiri yerine tüm bu insansı ve diğer maymunsu arkadaşları kapsayacak bir terim gerekiyor ama ne yazık ki güncel ve günlük Türkçemizde böyle bir terim mevcut değil.

GÖRSEL 1: Şu "maymun"lardan kaç tanesinin günlük adını biliyoruz? Bunların hepsi farklı maymun türlerine aittir ve çoğunun arasındaki genetik farklar, insanla şempanze arasındaki genetik farktan çok daha fazladır.

Biyolojide biz insanlar dahil tüm maymunsu canlıları bir araya toplayan sınıfa "Primatlar" adını veriyoruz. Primatlar; insanlar, maymunlar, insansı maymunlar ve diğer maymun benzeri canlılar olmak üzere 300'den fazla canlı türünün ortak adıdır. Adına "maymun" deyip geçtiğimiz bu canlıların dünya üzerinde çok az türü kalmış olsa da sayıları yine de akıllarımızı zorlayacak kadar çoktur.

Burada bir duralım: İnsan ve şempanze kadar hatta onlardan "genetik ve evrimsel olarak" daha farklı 300'den fazla canlı türünden bahsediyoruz. "Maymun" derken ne kastettiğimiz bile bu kadar muğlak iken, diğer canlılarla olan akrabalık ilişkilerimizi anlamak aslında sanıldığı kadar kolay bir iş olmuyor. Hatta bir adım daha ileri gidelim: Bunu anladığını ve bildiğini iddia eden birçok insanın bu konudaki zihinsel temsili ise yine çoğu zaman bir karikatür seviyesinde olmaktan öteye gidemiyor. Gidemiyor çünkü bahsettiğimiz biyolojik çeşitlilik; şehirli ve tabiattan uzak yaşayan, biyolojiyi kitaplardan öğrenen insanların zihnine sığamayacak kadar muhteşem ve akıl sınırlarını zorlayıcı bir çapta... O nedenle şüpheye düşmeden veya itiraz etmeden önce, biyolojiye biraz güvenmenin işimizi kolaylaştıracağını düşünüyorum.

"Biyolojiye güvenmek" derken biyoloji alanında çalışan bilim insanlarının hayat veya bilim dışı konulardaki tüm yorum ve inançlarını kastetmiyoruz elbette. Kastettiğimiz; ders kitaplarına girmiş, bilimsel yayınlarla sabit hale gelmiş ve günümüz biyolojisinin temellerini oluşturan "evrimsel biyoloji" denen alanın, canlı gruplarının akrabalıkları hakkında bizlere neler söylediği meselesidir. Bu konu mesela elektrik mühendisliğinde elektromanyetik kuram kadar temeldir ve buna yapılan temelsiz itirazlar da aynı düzeyde anlamsızdır. Bu nedenlerle burada biyolojinin insanın da dahil olduğu canlı sınıfları hakkında neler söylediğine pek kısaca bir bakalım:

İnsanların tür adı Homo sapiens sapiens olarak kayda geçmiş durumdadır. Bu isim biyologların bir primat türü olan insana 1758 yılından beri verdiği resmî/bilimsel isimdir. (İsim babası ise Carl Linnaeus'dur.) Cins ismimiz olan Homo "insan", tür eki olan sapiens ise "zeki-düşünebilen" anlamına gelir. Primatlar; bizim, şempanzelerin ve diğer tüm "maymunların" dahil olduğu bir "takım"dır. (Takımın biyolojideki karşılığı "ordo" veya "order" olarak bilinir.) Bu büyük takım içinde insanlar diğerlerinden farklı bir alt aile içinde yer alır ki bu aileye "Hominidae" (hominid diye de okuyabiliriz) yani "insanlar" diyoruz. Hominid ailesi içinde ise "homo" diye bir cins (genus) alt kategorisi bulunur ki işte biz buraya âitiz. Şu anda homo cinsi içinde hayatta kalan tek tür bildiğimiz kadarıyla biziz. Öte yandan, hominid âilesi içinde bir başka cins olan Pan cinsi, birbirine çok benzeyen ve uzunca bir süre aynı hayvan sanılan şempanze ve bonobo gibi canlıları da içeren yakın akraba bir başka âiledir. Özetle şempanze, bonobo, orangutan, goril ve daha aklınıza gelen büyük, kuyruksuz, insana benzeyen ne kadar maymun varsa bunların hepsi hominid yani "insansı maymunlar" diye Türkçeye çevirmeye çalıştığımız grubun parçasıdır.[1]

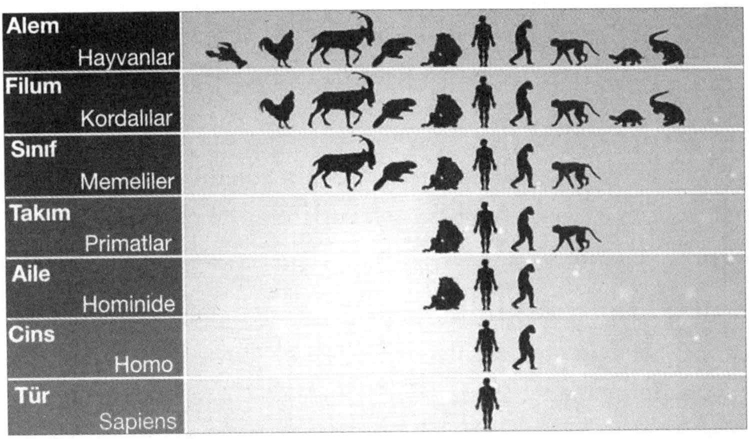

GÖRSEL 2: İnsanın sınıflandırılmasının özeti şöyledir: Modern insan yani Homo sapiens sapiens, homo cinsine âit; hominidler ailesinden, primatlar takımından, memeliler sınıfından, kordalılar şubesinden ve hayvanlar âleminden bir canlıdır. Tersinden söylersek, insan; hayvanlar âleminin kordalılar şubesinin memeliler sınıfına âit primatlar takımının hominid denen âilesi içinden homo cinsindeki bir canlıdır.

1 Burada bir durup şu çevirinin çelişkisine odaklanalım: "İnsansı maymunlar" dediğimiz hominidler "insanı da içeren" bir grup olunca, bu ifade baştan sona oksimoron kokan çelişkili bir ifadeye dönüşüyor. Yani insan, bu çeviriye göre, insansı maymunlara dâhil bir canlı oluyor! Hâlbuki "hominid" hem insan hem de bu "ape" yani insansı maymunları kapsayan bir başka kategoridir. Düşünür, "dilinizin sınırları dünyanızın/zihninizin sınırlarıdır" derken galiba haklıymış!

Onlarla birlikte hepimiz, memeliler (mammalia) denen bir "sınıf" (class) tarafından kapsanırız. Memeliler de "kordalılar" denen bir şubenin (yahut biyolojik adıyla "filum"un) parçasıdır. Kordalılar "sırtı ipliler" anlamında kullanılır ve sırtımızdaki omurilik bunun bizlerdeki devamıdır. Kordalılar şubesi ise hayvanlar âleminin büyük bir kolu olmakla, bizi hayvanlar âleminin nadide ve nevi şahsına münhasır bir üyesi yapar. İnsan, bu resim içindeki milyonlarca hayvandan sadece bir tanesidir.

Modern insan, homo cinsinin şu anda hayatta kalan tek üyesi gibi görünüyor. 50 bin yıldan önceye gidilecek olursa, öncelikle Homo neanderthalensis yahut Neanderthal insanı olmak üzere en az dört insan türü ile de birlikte yaşadığımıza dair kanıtlar bol miktarda mevcuttur. Kesin nedeni bilinmemekle birlikte, görünen o ki bizler tek başımıza kalmış durumdayız. Nedenine gelirsek, bunun nedeni kesinlikle "en zeki" veya "en güçlü" olmamız değildir. Zira biyolojinin en kuvvetli, en güzel veya en zekiyi seçtiğine dair "güçlü olanın hayatta kalması" sloganı, biyolojiyi pek anlamamış birilerinin topluma zerk ettiği ve maalesef halen temizlemekte çok zorlandığımız bir temel hatalı düşünce biçimidir.

Evrim yahut biyoloji tarihi "en güçlü olanı" değil, değişen koşullara "en iyi uyum sağlayanları" seçer; sistem böyle kurgulanmıştır. İnsanoğlunun da bu Homo rekabetinden tek galip olarak çıkması, muhtemelen zekâsı dışında başka etmenlerle de ilgili olmalıdır. Bu kitapta beş temel başlık altında irdeleyeceğimiz İnsanın Fabrika Ayarları'nın bu seçilimde çok önemli rol oynamış olabileceğini düşünüyorum. Bunun nedenlerine, her fabrika ayarını ayrıca konuştuğumuz bölümlerde sıklıkla değineceğiz.

TÜM İNSANLAR TEK BİR TÜR

Şu anda dünyadaki insanların hepsi "Homo sapiens sapiens" dediğimiz tek bir türe âit canlılardır. Alt türlerimiz ve hatta sanılanın aksine ırklarımız bile yoktur. Her ne kadar günlük hayatta "ırk" (subspecies; race) sözünü çokça kullananlar olsa da Çinliler, sarı saçlı ve soluk benizliler, beyaz yahut kahverengi tenliler gibi çeşitler biyolojik anlamda ırk değildir. Irk yahut alt tür diyebilmek için bugünkünden çok fazla genetik farklılık ve aralarında kabaca başlamış olan bir "üreme engeli" yahut birbirinden cinsel olarak pek hazzetmeme durumlarının da olması gerekirdi. Aşikardır ki böyle bir durumumuz yok. Tüm insanların genetik yapıları neredeyse tamamen birbirinin aynısıdır ve hepimiz tarihin bir yerlerinde tek bir anne ve tek bir babanın çocuklarıyız. (Âdem ve Havva meselesiyle karıştırmayınız; o ayrı bir mevzu!)

Birbirinden farklı türlerin en önemli özelliği bireylerin farklı türler arasında çiftleşememesi ve verimli yavrular üretememesidir. Mesela bir maymunla insan çiftleşemez[2]; çiftleşse bile -çok şükür ki- yavru meydana gelmez. Öte yandan, at ve eşek nadiren de olsa çiftleşebilir ve katır denen hayvanı dünyaya getirebilir. Fakat bu kez de bu iki canlı farklı türlere ait olduğundan katır üreyebilen bir hayvan değildir. Peki, at ve eşek neden çiftleşebilmektedir? Bu basit görünen sorunun cevabı tamamen evrimseldir: At, eşek ve zebra; aynı atadan evrilmiş Equidea ailesinin üyeleridir. Milyonlarca yıl boyunca muhtemelen Kuzey Amerika'da meydana çıkmış ortak bir atadan türeyen bu farklı hayvanlar, geçen uzun zaman içinde kendi türleşme seyirlerini izlemiş olsalar gerektir. Fakat at ve eşek, tam olarak ayrı türler olarak birbirlerinden ayrılmadan önce muhtemelen bugün olduğu gibi yaşam alanlarının kesişmesi nedeniyle birbirleri ile çiftleşme yoluyla gen alışverişine devam etmişler ve böylece milyonlarca yıllık serüvenin ardından halen çiftleşebilir durumda kalmayı sürdürmüşlerdir. Bu nedenle bu iki ayrı tür halen arada bir birbirleri ile çiftleşebilmektedir.

Türleşme sürecinin tam olarak ayıramadığı başka canlılar da vardır. Mesela aslan ve kaplan bu tip canlılardandır. Bu ikisi, maymunla insan kadar ayrı türlerken arada bir aralarında çift-

2 Her ne kadar Endonezya gibi bazı yerlerde mesela orangutanların insanlar tarafından seks kölesi yapılması veya birçok hayvanın cinsel köle olarak kullanılması söz konusu olabiliyorsa da bunlar biyolojik temelli olaylar değildir. Bu olaylar ne yazık ki insanın hiçbir biyolojik canlıda görmediğimiz o gözü doymaz sapkınlığının tezahürleridir.

leşmeler olabildiğini biliyoruz. Özellikle hayvanat bahçeleri ve özel doğal parklarda gerçekleşen bu çiftleşmeler sonucunda "aplan" ve "kaslan" olarak adlandırılan hayvanlar doğabilmesi şaşırtıcıdır. Anne aslan, baba kaplan olduğunda Aplan (Liger); tersi durumda da Kaslan (Tigon) olarak anılan bu canlılar, doğada hemen hiç karşımıza çıkmaz. Çünkü doğal ortamda aslan ve kaplanlar tamamen ayrı ve uzak yaşam alanlarında yaşadıklarından hem bu canlıların çiftleşmesi pratikte imkânsızdır hem de oluşan yavrular tabiatta hayatlarını sürdüremeyecek kadar uyumsuz ve sakattırlar.

Nadiren doğabilen ve belli bir yaşa kadar gelebilen Aplan ve Kaslan, kısa zamanda aşırı miktarda besin tüketen devasa hayvanlara dönüşürler. Çoğunlukla anne ve babadan çok daha iri oldukları için ancak sezaryen ameliyatı ile doğmaları mümkün olan bu hayvanlar, etik açıdan da ciddi problemlere yol açarlar. Zira hayvanat bahçelerinde bu tuhaf ve devasa hayvanları görmek için para ödeyenler sayesinde bu acı verici ve zâlim süreç uzunca bir zamandır devam etmekte. Fakat buradaki konumuz itibariyle bu uç örnekler; tabiatta türleşmenin nasıl ve ne değişik koşullarda gerçekleştiğine dair zihnimizi işletecek, belki biraz nâhoş ama oldukça faydalı örneklerdir.

GÖRSEL 3: Almanya'da bulunan özel bir hayvanat bahçesinde doğmuş Bahier isimli bir "aplan".

GÖRSEL 4: Yine bir hayvanat bahçesinde, yapay döllenme sonucunda doğmuş bir "kaslan".

Neticede, türleşme süreci çok uzun süren ve yeni oluşan türler arasında uzun zamana yayılmış bir yalıtımın olmasını gerektiren dereceli bir süreç gibi görünmekte. Bunlardan bu kadar uzun uzadıya bahsetmemin nedeniyse insanlığın geçmişinde de böyle türler arası gen alışverişlerinin olduğuna dair açık kanıtlar olması. Genlerimizin içinde eski akrabalarımız Neanderthal insanlarından kalma parçalar olduğunu biliyoruz. Ayrıca H. fluorensis ve diğer insan türleri ile de gen alışverişi yapmış olmamız kuvvetle muhtemel. Görece çok kısa bir zaman aralığında, yaklaşık 1-3 milyon yıl içinde evrimleşerek farklılaşan bu insan türleri, henüz iyice izole olup ayrışamadan birbirleri ile buluşmuş ve çeşitli faktörlerin kolaylaştırıcı etkisiyle birbirleri ile çiftleşmek durumunda kalmışlar. Dolayısıyla bugün bizler yani Homo sapiens sapiens bireyleri, eski atalarımız olan Homo sapiens, Homo neanderthalensis, Homo fluorensis ve diğer olası insan türlerinin bir "melezi" gibi düşünülebiliriz. Böyle bakınca, insan türleri arasındaki mücadeleyi H. sapiens'in kazandığı ve diğer insan türlerinin bir şekilde ortadan kalktığı yönündeki görüş geçerliliğini yitiriyor. Onun yerine, Homo sapiens dahil tüm eski Homo türleri ortadan kalkmış ve yerini en yetkin melez olan biz H. sapiens sapiens'e bırakmış diyebiliriz.

BİYOLOJİK EVRİM

Modern insanın, maymun dediğimiz canlılardan ayrı bir hat halinde gelişip bugünlere gelmesinin kökeni yaklaşık 4-6 milyon yıl önceye dayanır. Aslında bu macera, 13-15 milyon yıl geriye gidersek insansı maymunların yani "hominidlerin" ilk kez ayağa kalkarak arz-ı endam etmeleri ile başlar. Ama buradaki amaçları görmek için o kadar geriye gitmeye gerek yok . O uzak zamanlara dair bildiğimiz tek şey; artık ağaç tepelerinde zıplayan maymun benzeri canlılardan, bir daha geri dönmemek üzere tuhaf bir evrimleşme dalının baş verdiği ve bunun en sonunda insana kadar çıkacak olan dallı budaklı ve çetrefilli bir yolun başlangıcı olduğudur. Günümüz insanı ve günümüz şempanzeleri-bonoboları henüz ortada yokken, kabaca 6 milyon yıl kadar önce, bu canlıların hepsinin ortak atası olan canlı türleri dünyada cirit atıyordu.

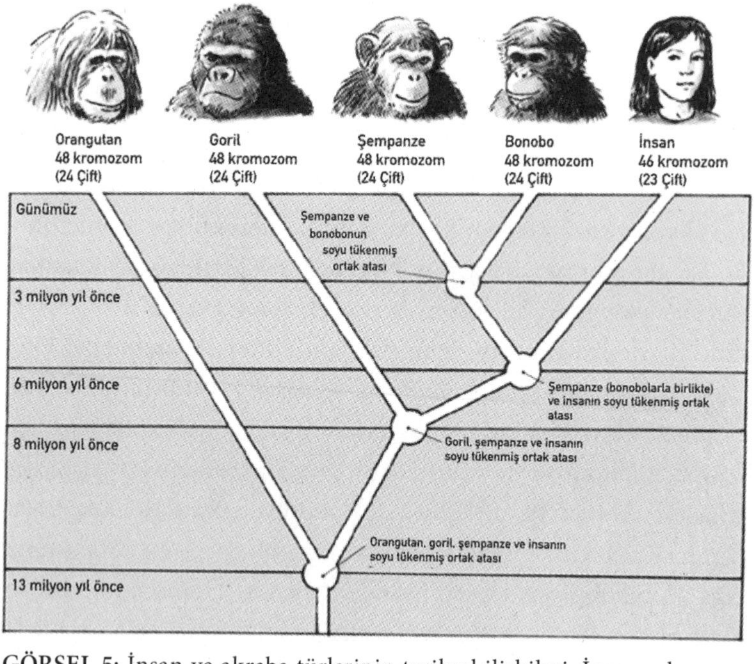

GÖRSEL 5: İnsan ve akraba türlerinin tarihsel ilişkileri. İnsanın kromozom sayısındaki belirgin eksiklik, ikinci kromozomumuzun aslında iki yarı kromozomun birleşmesiyle oluşmasından kaynaklanır. Görselin özeti şudur: Hiç kimse, o bildiğimiz kuyruksuz maymunlar dahil, maymunlardan gelmemiştir! Zira 13 milyon yıl önce adına maymun diyebileceğimiz bir canlı ortada yoktu.

O süreçten günümüze kadar kimler gelip geçmemiş ki? En az dört önemli türün öncülük ettiği insanın evrim macerası, milyonlarca yıl boyunca sayısız deneme ve sınavlardan geçerek bugünlere ulaşmış. Mesela bir buçuk milyon yılı aşkın süredir varlığını sürdürmüş olan Homo erectus, bilinen tüm insan türlerinin önemli atalarından olan Australopithecus afarensis, ilk âlet kullanan canlı olduğunu düşündüğümüz ve adını "mârifetli" kelimesinden alan Homo habilis, yakın zamanda soyları tükenmiş pek yakın kuzenlerimiz Neanderthal'ler, küçük boyları ve ilginç yaşamları ile yine insan ataları ile uzun süre çağdaş olmuş Homo fluorensis'ler ve daha kim bilir ne farklı canlılar... Bunlar şimdiye kadar kalıntılarına ulaşabildiklerimiz. Muhtemelen önümüzdeki zamanlarda daha birçok hominid türü bulmayı umabiliriz zira bu kalıntılar zamanımıza çok zor ulaşabilen, çok nadide örneklerden elde edilebiliyor.

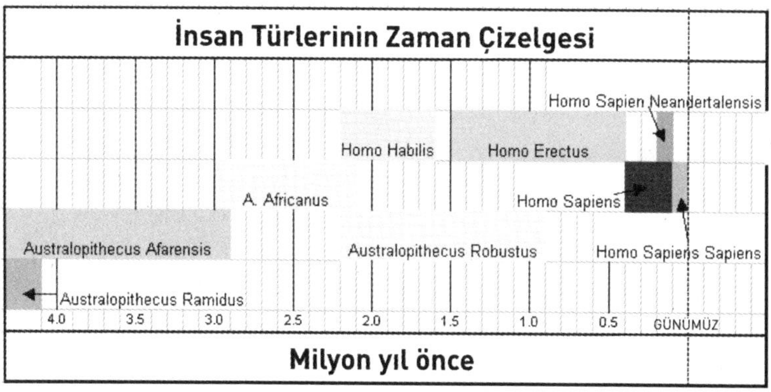

GÖRSEL 6: İnsan ve insanın atasal türlerinin zamansal çizelgesi. Son dört milyon yıllık geçmişi kapsayan bu çizelgede, bizim tür adımız olan Homo sapiens sapiens'in ne kadar küçük bir zaman aralığını işgal ettiğine dikkat ediniz. Zira bizler ancak son 50 bin yıldır buralardayız.

İnsana doğru giden evrimsel hat boyunca dikkatimizi çeken en önemli özelliklerden birisi; dik yürümenin dışında, beyin hacminde çok ileri düzeyde bir büyümedir. Bulduğumuz insansı kafataslarının hacimleri son 1,5 milyon yıldır 300 santimetreküpten günümüzün 1400 santimetreküplük insan beyin hacmine doğru "hızla" (milyon sene zarfında) artış gösterir. Bizi insan yapan en önemli özellik, hiç kuşkusuz bu aşırı büyüyen beyin ve onun aracılık ettiği zihinsel özelliklerimiz oluyor.

Bu öyküye bir şekilde yabancılaşmak, kökenlerimizin bu destansı hikâyesinden uzak düşüp kendimizi "gökten düşme" bir varlık gibi algılamaya başlamak, şahsî kanaatimce hayatımıza dair birçok sorunun da odak noktasını oluşturuyor.

AKRABALIK İLİŞKİLERİNDEN ÖĞRENEBİLECEKLERİMİZ

Yediğimiz ekmeğin hammaddesini sağlayan buğday bitkisi ile akrabayız. Uzak da olsa bu akrabalık sayesinde buğdayı yiyerek beslenebiliyoruz. Buğday ile ortak atamızın geçmişi belki 700 milyon yıl belki de daha öncesine uzanıyor. Ekmeği yerken, onun da bizim gibi bir "canlı" olduğunu ve bu büyük canlılık hikayesinde bir şekilde ortak bir kader kesitini paylaştığımızı genellikle unutuyoruz. Dikkat ederseniz, sadece canlı şeylerle beslenebiliyoruz zira onların bedenlerini oluşturan malzemeler ile bizim bedenimizdekiler tastamam aynı. O nedenle tam uyumluyuz; o nedenle birbirimizi besleyebiliyoruz. Biz de ölüp bedenimiz doğaya karıştığında, diğerlerini beslemeye devam edebiliyoruz. Koca bir besin ağının içinde bir parçayız.

Yanardağların eteklerindeki kaynayan sularda yaşayan arkebakteriler denen canlılarla da akrabayız ama onlarla ortak geçmişimiz belki 1,5 milyar yıl öncesine dayanıyor; sonra yollarımız ayrılmış. O kadar zaman önce bakteri diyebileceğimiz hücrelerden farklılaşan hücreler ökaryotik hücreleri yani bizim hücrelerimizi yapıyorlar. Sürekli değişen ortam şartları karşısında her türlü çeşidi ve varyasyonu denemeye programlanmış canlılık, çevre koşulları ve organizmaların özellikleri arasında uyumlu bir denge bulduğunda, o canlı grubu "başarılı" olarak neslini devam ettirebiliyor ve özelliklerini daha yüksek oranda gelecekteki kuşaklara aktarabiliyor. Bizim de beden hücrelerimizi oluşturan gelişmiş, çekirdekli ökaryotik hücreler, bu denemeler arasında en kararlı ve en başarılı olanlar gibi gözüküyor (zira bugün canlılar âleminin büyük kısmını bu tip hücrelerden kurulu canlılar oluşturuyor). Ardından, tek hücreli yaşamdan çok hücreli yaşamın doğuşuna şahitlik ediyoruz. Yaklaşık 700 milyon yıl önce denizlerdeki hayvanlar ve ardından kara bitkileri ortaya çıkıyor. İşte pek azını gördüğümüz, çoğundan haberimizin bile olmadığı bu muhteşem canlılığın her bir ferdi, tek bir ortak atanın genişleyerek şu dünyanın sayısız farklı denemesine yanıt veren canlılığın zenginlikleri.

ATALARIN İZLERİ

İnsanın kökeni söz konusu olduğunda mesele her ne kadar halk arasında "maymundan gelme" gibi bir karikatüre indirgense de aslında biyolojik olarak balıklarla da bir hayli ortak noktamız var. Bu da şaşırtıcı değil, zira uzak atalarımız bizden birkaç yüz milyon yıl önce dünyayı teşrif etmiş su canlılarıydı. Yakından bakarsanız hiç benzemez görünen görüntülerimizin altında, aslında doğrudan bir "yapısal uyarlanmalar serisi" sonucunda neredeyse birbirinin aynısı olan bedenlerin milyonlarca yılda geçirdikleri hayret verici dönüşümleri izleyebilirsiniz. Mesela anne karnındaki ilk embriyo hallerimiz tüm hayvanlarda hemen hemen aynıdır zira hepsi küçük birer balık olarak başlar yaşama. Gelişim süresi boyunca belli zamanlarda belli genlerin faaliyete geçip bazılarının da susturulması ile türlerimize özgün nihai görüntümüze kavuşuruz. Zira genlerimizin çoğu balıklarla ve diğer hayvanlarla ortaktır. Balıklar sessiz canlılardır ama bizim ses çıkartmamızı ve konuşmamızı sağlayan ses telleri, gırtlak ve yutak gibi yapılarımız, balıkların solungaçları ile aynı köktendir. Yine embriyo dönemlerimizde bunu çok net izleyebiliriz. Önce kafa olacak kısmın iki yanında solungaç yarıkları oluşur (bu arada gözler hâlâ bedenin yan kısımlarına bakar), sonra bunlar insana özgü genlerin sırayla devreye girmesi ve balıksı genlerin susturulması sonucu şu anda sahip olduğumuz yapılara dönüşür. Cinsel organlarımız da balıklar gibi önce bedenimizin iç kısımlarında oluşur. Fakat bizler sıcak kanlı canlılar olduğumuzdan ve özellikle erkeklerde sperm üreten bezler beden sıcaklığında işlevsiz kalacağı için sonradan testis torbası denen yapılara inmek zorundadırlar. Bu süreç sırasında karın duvarının alt kısımları delinerek testisler dışarı çıkar ama buralarda kalan zayıf alanlar insanlarda fıtık dediğimiz rahatsızlığın da temel nedenini oluşturur. Bir başka ilginç ortaklık, parmaklarımızdır. Evet, balıkların parmakları yoktur ama "parmak yapmaya yarayan genleri" vardır. Sonic hedgehog genleri denen bu genler, mesela deneysel olarak aktifleştirilirse, balıklar ve daha birçok parmaksız canlı, parmak geliştirebilir. Bu parmak genleri de diğer birçok özelliğimiz gibi balık atalarımızdan bize miras kalmış ve bizde parmakları oluşturan atasal izlerdendir. Her birimizin yüzünde, üst dudağımızın hemen üzerindeki çukurluk da balık geçmişimizin bir izidir aslında. Embriyo döneminde balıklar gibi bedenin iki yanında oluşan gözlerimiz, gelişimimizin ileriki aşamalarında diğer yüz parçaları ile beraber öne doğru gelerek birleşir ve gözleri ileri bakan bildiğimiz insan ve primat yüzü böyle ortaya çıkar. O birleşmenin son kalıntılarından birisi de işte o adına "filtrum" denen dudaklarla burun arasındaki çukurluktur.

Ama belki de balık ve sürüngenlerle en ilginç ortak noktamız, işitme organımızda bulunan kemiklerdir.

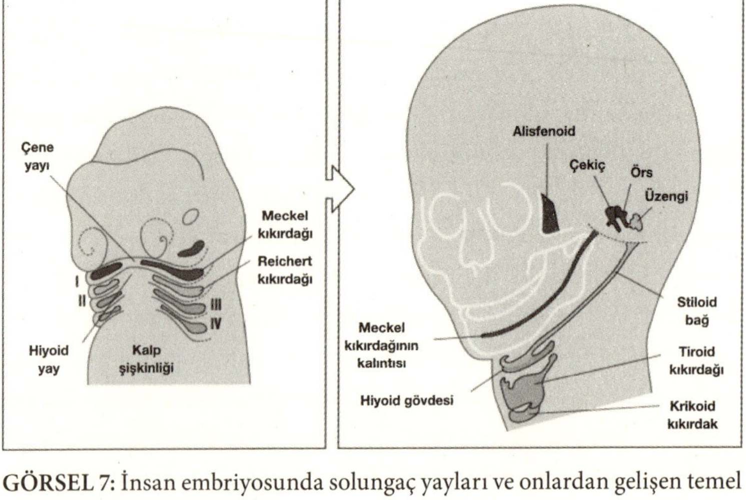

GÖRSEL 7: İnsan embriyosunda solungaç yayları ve onlardan gelişen temel yapılar.

KEMİKLERLE İŞİTMEK KİMİN AKLINA GELDİ?

Bedenimizdeki kemiklerin temel işlevi kaslar için bir tutunma alanı oluşturmak ve eklemler sayesinde kasların hareketlerini beden hareketlerine dönüştürüp, bedene de o bildiğimiz şeklini vermektir. O nedenle neredeyse tüm kemikler kaslarla sıkı ilişki içerisindedir ve çoğu zaman bu iki sisteme "iskelet-kas sistemi" deriz. Fakat diğer kemiklerle aynı yapıda ama iş olarak çok farklı bir görev üstlenmiş kulak kemikçiklerimiz bunlardan ayrılır. Bedenimizdeki yaklaşık 206 kemiğin en küçükleri olan bu kemikler, çekiç, örs ve üzengi, işitme sisteminin bir parçasıdır. Yine üzerlerine bağlı kaslar içerirler; stapedius ve tensör timpani kasları bu kemiklere bağlıdır ama bunların kemikleri hareket ettirmekteki amacı, kulağa girecek ses miktarını ayarlamaktır. Malumunuzdur ki ses dalgaları önce kulak zarını titreştirir; ardından bu titreşim sırayla kemikleri titretir ve bu titreşim de bir kaldıraç sistemi misali "oval pencere" denen bir açıklıktan iç kulaktaki salyangoz organına aktarılır. Biz de bu sayede işitme duyusunu kullanabiliriz. Bunu okul okumuş çoğu kişi bilir de en temel soru genellikle pek aklımıza gelmez: Kemikle işitmenin ne ilgisi var? İşitme sistemimizde neden, hem de üç tane minik kemik aracılık yapar?

Bu gayet meşru sorunun tek makul cevabı, canlılık tarihimize bakıldığında açıkça gözükür. Kulak kemiklerimiz, günümüzden 375 milyon yıl kadar önce yaşamış bir balığın çene kemikleridir. Öncü balık ve sürüngenlerde karaya geçme sürecinde oluşan değişimlerden bir tanesi de çene kemiklerinden bazılarının (hyomandibula) solungaçların içine girmesi ve neticede orada küçülüp yerleşerek bugünkü işitme organımızı oluşturmasıdır. Birkaç milyon yıl boyunca elimize ulaşan fosiller üzerinden izleyebildiğimiz bu hayret verici ve nedeni tam anlaşılamamış dönüşüm, işte bugün işitme sistemimizde neden "kemik" kullanmak durumunda olduğumuzu açıkça gösterir. Günümüzde bile yaşayan bazı sürüngenlerin çene kemikleri aracılığıyla titreşimleri alarak bu yolla "işittiklerini" biliyoruz. Hatta işitme yeteneğini kaybetmiş bazı insanların kemikleri yoluyla işitmeye sınırlı da olsa devam etmeleri de aynı mantıktan kaynaklanır. Aslında bedenimizdeki tüm kemikler, işitme sistemimizin parçasıdır. Özellikle de kendi sesimizi duyarken! İşte o nedenle kaydedilmiş sesinizi dinlemeyi pek sevmezsiniz zira size pek farklı gelir.

Bu birkaç kısa örnek, insanın bedensel olarak aslında "ne olduğunu" bir kez daha hatırlamamız içindi. İnsan, büyük canlılık orkestrasının içindeki nadide bir enstrümandır. Diğer tüm canlılar gibi. Elden ayrı, kopuk, kafasına göre takılabilecek ve canlılık kurallarından bağımsız bir canlı değil; tam tersine o sisteme göbekten bağlı, tüm canlılıkla aynı kökeni paylaşan ve bunu fark ettiği oranda doğru yaşayabilecek özel bir canlıdır.

AKRABALIĞIN BOYUTLARI

Biraz daha uzak gözüken canlılara da kısaca bir göz atalım: Tarihsel olarak bakarsak, karadaki bildiğimiz bitkiler aslında pek yenidirler zira eldeki kanıtlara göre yaklaşık 300 milyon yıl kadardır buralardalar. O güzelim çiçekler ise çok daha yeni; en fazla 40-50 milyon yıl önce ortaya çıkmış gözüküyorlar. Peki çiçeklerin "icadı" neden bu kadar uzun sürmüş olabilir? Bunun cevabı çiçeklerin en önemli özelliği olan "güzellikleri"ndedir aslında. Görsel olarak bu kadar alımlı bir biyolojik aygıtın ortaya çıkıp avantaj sağlayabilmesi için onu "beğenecek" veya "albenili bulacak" göz ve sinir sistemlerinin daha önce ortaya çıkmış olması gerekiyordu. Böceklerin ve kuşların gören gözleri olmasa, çiçeğin gelişimi için hiçbir sebep de olmazdı. Bilirsiniz, çiçekler aslında bitkilerin üreme organlarıdır. O güzel görüntüleri ise sırf kendilerini diğer hemcinsleri ile üremelerini sağlayacak şekilde "tozlaştıracak" canlılara beğendirip, nesillerini devam ettirmek üzere avantaj sağlayabilmek amacıyla milyonlarca yıl boyunca incelikle tasarlanmıştır. Diğer canlılar güzel gözüken veya gösterişli çiçeklere daha çok ilgi göstermiş, onlardan daha fazla poleni diğer çiçeklere taşımış, o kadar "gösterişli" olmayan çiçeklerin de zamanla nesli tükenmiştir. Çiçeklerin bugün bildiğimiz o devasa çeşitliliğinin böyle sade ve anlaşılır nedenlere dayanıyor olduğunu fark etmek, bize önemli bir mesaj verir: Önce göz, sonra çiçek gelir... Varlıkların her birinin şekli, şemali, metabolizma özellikleri, davranışları ve diğer aklınıza gelebilecek tüm özellikleri bu örnekteki gibi milyonlarca yıllık ilişkilerin doğal neticeleridir.

Canlılık birbirine işte böyle bağlı, hayret verici bir sistemdir. İşin garibi, şimdi kendi kendini tamir edebilen, yenileyebilen, kendi benzerlerini yapabilen robotlar üretme fikrine birer teknoloji harikası olarak hayretle ve ilgiyle bakarken, doğaya yerleştirilmiş bu üstün "kendi kendini idame ve üretme" yeteneği karşısındaki hayretsizliğimiz, hatta zaman zaman bunu reddetmemiz, gerçekten hayret vericidir.

İşte insanın fabrika ayarlarını anlamak, bu incelikli ve iç içe bağlı sistemi temel düzeyde anlamakla başlar. Bu kitapta anlatılan her şey işte ancak bu evrimsel perspektifin ışığında bir anlam ifade edebilir. Biyolojiyle, hatta bilimle ve insanla ilgili her konuda olduğu gibi...

BİR BİLGELİK YOLU OLARAK BİYOLOJİ

Biyoloji belki de çoğumuza akademik bir disiplin yahut bir meslek olarak gözüküyor olabilir. Elimde olsa zihinlerdeki bu algıyı kökten ve bir anda silebilmek isterdim. Onun yerine de biyolojinin temel bir ihtiyaç olarak yerleştirilmesini sağlayabilmeyi arzu ederdim. O zaman dünyanın çok daha başka bir yer olacağına inanıyorum. Elbette böyle bir yeteneğim yahut hadsizlik niyetim yok fakat yavaş yavaş anlatarak, sabırla göstererek özellikle çevremdeki insanlara bunu vermek için elimden gelen gayreti gösteriyorum.

Neden böyle bir inancım var? İçinde yaşadığımız dönemde en hızlı bilgi biriktirdiğimiz alanlar biyoloji ve onun bir dalı olan beyin bilimleridir. O kadar çok şey öğrendik ki, bu bilgileri şöyle zihninizde toparlayıp büyük resme bu ışık altında baktığınızda, insan olmak, doğru yaşamak, kendini gerçekleştirmek ve binlerce yıllık insanî sorunlardan çıkış için gerçekten çok farklı bakış açıları geliştirebilmenizin mümkün olduğunu fark edebiliyorsunuz. Elbette bilimin sınırlılıkları, değişebilir doğası ve ağır ilerleyişi her şeyi anlamanıza imkân vermiyor fakat eğer elinizde kadim bilgelik, zengin bir kültürel beslenme ve öğrenme isteği varsa, biyoloji size doğru ve yanlış bilgiyi ayırt etmekte çok ciddi bir hakem olarak hizmet edebiliyor.

Biyoloji, bana sorarsanız, bir bilim dalı olmaktan öte, bir bilgelik aracıdır artık. Canlılık dünyasını hem doğrudan deneyimleyerek hem de biyoloji biliminin anlatıları ile ne kadar derin kavrarsak, kendimize dair iç görümüzün de o derece derinleşeceği kesindir. Maalesef günümüzde canlılık bilgisini diğer bilgiler gibi sıradan bir akademik alana indirgeyen eğitim anlayışımız, bana büyük acı veriyor. Mesela üniversite yolundaki gençlerimiz eğer psikoloji, siyaset yahut benzeri sosyal alanlarda eğitim alacaklarsa, biyoloji onlar için gerekli bile görülmüyor. Halbuki bu ihmal, yetişmekte olan bir insana yapılabilecek en büyük haksızlıklardan birisidir. Ne insan davranışı ne de insanın sosyal örüntüleri, insanın biyolojik âlemdeki anlamı öğrenilmeden bir anlam ifade edebilir. Dahası "bir yabancı dil öğrenmenin", iletişim dışında insan zihnini ne kadar geliştirdiğini bilmemize rağmen, canlılık hakkında ortalama üzeri bir derinlik sahibi olmanın düşüncemize getireceği açılımlardan da habersiziz. Çocuklarımızı sadece akademik başarı yahut hedef olarak değil, yaşamı anlamaları için biyolojiyle ilgilenmeye özendirmenin özellikle içinde yaşadığımız çağda büyük bir görev olduğunu düşünüyorum.

Biyolojiyi anlamak, çeşitliliği, farklılığı, dönüşümü ve çevrimi anlamaktır. Biyolojiyi anlamak, bu dünya üzerindeki varlığımızın anlamını en temel düzeyde kavrama şansı yakalamaktır. Biyolojiyi anlamak, insanın kendisini anlama çabasındaki en önemli giriş kapısıdır.

Canlılık bilgisi, şu dünyaya, kendinize, işinize, fayda ve zarara, iyi ve kötüye, geçmiş ve geleceğe, kısacası her şeye bakışınızı değiştirebilecek bir bakış açısı sunar. İnsanın kültürel birikiminin çok ötesinde, onun yanılgılarından bağımsız milyarlarca senedir işlemeye devam eden bu tabiatı, bilim gibi nesnel bir araçla inceleme çabalarından çıkacak farkındalıkla inceleme ve anlamaya çalışma lüksü, bu devrin insanoğluna belki de en büyük hediyesidir. Şimdilik elimizde bu amaçla kullanabileceğimiz en iyi araç tabii ki bilimdir fakat bilimle birlikte, bilimin henüz emekleme safhasındaki becerilerini katbekat aşan bu yaşam bilgeliği ile tanışmak, bizi bilimin "veri"lerinden çok daha öteye, anlama dair kıyılara ulaştırabilme potansiyeli taşır. Bu metinde ve yazıp çizdiğim her şeyde yapmaya çalıştığım şey, tabiatın rehberliğinde bana görünen dünyayı dilim döndüğünce anlatmaya gayret etmektir aslında.

Bu muhteşem yolculuk için belki en önemli engel, bilimin bazen çok karışık hale gelebilen metodolojisi ve genellikle anlaşılmaz hale getirilen dilidir. Teknik uzmanlık alanlarına sıkışmış bilim veriden başka bir şey üretemez. Bu nedenle bilimsel bilginin ve bunun hayata dair sonuçlarının mesleği bilim olmayan insanlarla paylaşılması, anlaşılır bir dille yeniden üretilmesi, günümüz bilim insanının da en önemli sorumluluğudur. Zira elimizdeki veriler, insan zihninde nice düşünce fitillerini ateşleme kudretine sahiptir ve bunlardan doğru bir şekilde haberdar olmaya tüm insanların hakkı vardır. Temel insan hakları arasında zikretmemiz gereken bu hak, tüm insanlara ancak ve en doğru biçimde bilim emekçileri ve bilim insanları tarafından verilebilir. Tabii ki bu da kolay bir iş değildir. 15 yılı aşan kişisel deneyimim, bazen çok basit ve mantık kuralları içerisinde açık bir gerçeği insanlara anlatabilmenin ne kadar zor olduğuna dair sayısız örneği bana öğretti. İnsanların kültür, inanç, alışkanlık ve ön kabullerinden daha zor bir engelle hiç karşılaşmadım. Fakat eğiticinin ve anlatıcının görevi, bunlardan şikâyet ederek köşesine çekilmek değil, bunları aşarak işini doğru yapmasını sağlayacak yolları da keşfetmektir. Gerek yazılı ve görsel basında gerekse yeni internet medyasında üzerimize düşen en temel görevin bu olduğunu düşünüyorum. Tabii ki bunu da her bilim insanından beklemek haksızlıktır ama en azından bu konuda da uzmanlaşan, insanlara bilimi anlatmanın öğretilebilir bir metodunu çıkartmak üzere mesai sarf eden insanlara da acilen ihtiyacımız var. Çünkü bu bilgi, hepimizi kurtaracak olan bilgidir.

Anlatmaya çalıştığım görevi, tarladaki bitkiyi yenilebilir ekmek haline getiren insanların yaptığı işe benzetebilirim. Tarladaki buğdayı doğrudan yiyerek beslenemeyiz. Bunun için o buğdayı toplayan, sap ve samanı ayıran, işleyen, öğüten, hamur yapan, mayalayan, pişiren ve ürünü bizlere ulaştıran insanlara da ihtiyacımız var. Bilgi de günümüzde böyle ara basamaklara ihtiyaç duyuyor. Bu örneğin, naçizane benim tarafımdan ve benim gibi insanlar tarafından tamamlanmaya çalışılan eksiğin ne olduğunu da metaforik olarak anlatabildiğimi düşünüyorum.

GÖRSEL 8: İnsan nedir? Karar sizin…

Tabiattan uzak kaldığınızda, mesela birisi size evrimden bahsettiğinde bunu "görüşlerden bir görüş", yahut "sadece bir teori" olarak dinlememeyi ve anlamamayı seçebilirsiniz. Fakat tabiatla haşır neşir iseniz, evrim denen şeyin reddedilemez ve açık bir yasa olduğunu, teorilerin ise sadece o gerçeği açıklamak için gösterilen insanî ve bilimsel çabalar olduğunu kolayca anlarsınız. Ne fark eder peki? Bir tanesinde kendinizi her şeyden ayrı, gökten düşmüş bir varlık olarak konumlayıp kendinizce bir yaşam kurmaya ve kaçınılmaz olarak da sizi tabiatınızdan kopmaya götüren bir yola girmiş olursunuz. İnsanın binlerce yıllık serencamı bunun örnekleri ile doludur. İkincisinde ise sistemin bir parçası olarak kendinizi yeniden konumlandırmaya başlar ve kültürünüzdeki "doğal ve doğru olmayan" kısımları kolayca ayıklama bilgeliğine ulaşma yolunda emin adımlarla ilerlersiniz. Çevrenizdeki her şeyin sizden bir parça taşıdığını ve sizin her şeyle derinden bağlantıda olduğunuzu anladığınızda, kendinize ve her şeye bakışınız kökten değişmeye başlar. Neticede insan olmanın pervasız ve gaddar bir komutan olmak değil, sisteme hizmeti esas alan bir lider olmak demek olduğunu kavramaya başlarsınız. İşte ilk bakış açısı bizi "egoist" bir noktaya sürüklerken, ikincisi "ekolojik" bir anlayışı yeşertebilmemizi sağlar.

Evrimi, dönüşümü, o büyük çevrimi ve canlılık âlemindeki yerimizi "bilsek ne olur, bilmesek ne olur" diyebilenlere, "bir resim bin sözcüğe bedeldir" diyerek, şu güzel karikatürü biraz tefekkür etmelerini öneririm:

GÖRSEL 9

İNSANIN FABRİKA AYARLARI'NIN ÖZETİ

Binlerce yıldır kendimize inşa etmeye devam ettiğimiz medeniyetimizin alışkanlıkları, kültürümüzün kalıpları, nesilden nesile aktarılan söylencelerimiz ve kişisel deneyimlerimiz, bizi genellikle tabiatımızın çok dışında bir benlik ve insan algısı ile baş başa bırakabiliyor. Üretimi milyonlarca yıl süren biyolojik ve zihinsel özelliklerimizin daha birkaç yüzyıllık, hatta 5 yılda bir değişen insan icadı çevrelere uyum sağlamasını bekliyor ama bunda çoğu zaman hüsrana uğruyoruz. Ayarlarımız kolay kolay değişmiyor, biyolojik sistem bizim teknolojimiz gibi hızlı hareket etmiyor. Eğer biz dönüp de "Ben neyim, nasıl bir şeyim?" sorusunu sıklıkla sormaz ve bilgi ile bu sorunun cevaplarını güncellemezsek genelde elimizde hep bir hüsran kalıyor. Bu kitabın yazılış amacı, kendim gibi modern zamanlarda büyümüş çocuklara, kendi çocuklarına da anlatsınlar diye sıklıkla unuttuğumuz ayarlarımızı hatırlatmaktır.

Elinizdeki bölümler boyunca size anlatmaya çalışacağım şey, 5 maddeye kadar indirgeyebildiğim ve biyolojik donanımımızın tarihsel macerasına da bakmaya bizi mecbur bırakan temel ayarlarımızdır. İnsanın Fabrika Ayaları tamlamasının baş harflerinin İFA yani "yerine getirme" anlamındaki kelimeyle sesteş olması da bu başlığı seçmemde önemli faktörlerden birisidir elbette. İddiam, bu maddelere ne kadar yakın bir yaşam inşa edebilirsek, hayatımızı o denli sağlıklı, doyum içinde ve insanlığımızın gereğini ifa edebilecek tarzda yaşamamızın kolaylaşacağıdır. Şimdi bu beş maddeyi kısaca açıklayarak, şüphecileri ikna etmek ve bilgi isteyenlere daha detaylı bilgi vermek için sizi her bir ayarın detaylandırıldığı bölümlere davet edeceğim.

İFA-1: Hareket

İnsan atalarının dünya yüzeyine yayılma süreçlerinde en büyük avantajlarından birinin bedensel hareket becerileri ve bu hareketlere uygun olarak uyumlanmış bedenleri olduğunu biliyoruz. Görece tüysüz, bolca ter bezi içeren, güçlü ve oksijen kullanma verimliliği yüksek kas dokusu ile donatılmış, geniş hareket açısına sahip eklemlerle desteklenmiş, sağlam bir iskelet sistemi ile donatılmış bedenimiz, atalarımız arasından "hareketli olanların" avantaj sağladığı, hareketsiz ve hareket açısından zayıf olanların ise elendiği bir geçmişe işaret ediyor. Gerçekten de ilgili bölümde göreceğimiz gibi bu uzun seçilim süreçleri sonucunda bir hayli atletik potansiyeli yüksek bedenlerle dünyaya geliyoruz ve bu özelliği kullanmadığımız zaman da başımıza ciddi dertler açılabiliyor.

İFA-2: Az, Çeşitli ve Aralıklı Yemek

Uzak atalarımızın doğada nasıl beslendiklerini bugün şehirlerde yaşamaya alışmış bir insanın tahayyül etmesi neredeyse imkansızdır. Aşırı enerji tüketen ve diğer canlılara göre çok büyük olan beyninin enerji ihtiyaçlarını karşılaması gereken insanoğlu, yüz binlerce yıldır en önemli yeniliklerini beslenme alanında yapmak, tarımı icat etmek ve endüstriyel gıdayı keşfetmek zorunda kalmıştır. Fakat hepi topu on bin yıldan biraz daha fazla zamandır kendi gıdasını üretebilen insanoğlu ve ataları, milyonlarca yıllık geçmişte tabiatın sunduklarına bağımlıydı. Dolayısıyla kaçınılmaz olarak tüm beden ve metabolizma özellikleri, besinin az, belirsiz ve zahmetli olduğu bir dönemin gereklerine göre şekillendi. Gelişkin bir yağ depolama sistemi, hızlı metabolizma ve tabiatta pek az bulunan şeker gibi önemli gıdalara karşı hissettiği şiddetli iştah, o dönemlerde hayatta kalabilen insanların olmazsa olmaz özelliğiydi. Ama günümüzde içinde yaşadığımız besin ve kaynak bolluğu, bu temel ayarlarımızı ciddi olarak tehdit ediyor ve bununla başa çıkmakta zorlanıyoruz. Frenlememiz gereken belki de en önemli ayarlardan birisi işte bu nedenle beslenme ayarlarımız.

İFA-3: Olumlu ve Zengin Sosyal İlişkiler

Biyolojik âlemdeki en zayıf ve en uyumsuz canlı olarak, tek başına hayatta kalmamız imkânsız. Ayrıca çok erken ve gelişimini tamamlamadan doğmak zorunda olan bebeklerimizin hayatta kalması da yine çok önemli bir biyolojik sorun. Bunun gibi dezavantajlar, büyük beynimiz ve insanî diğer özelliklerimiz için ödememiz gereken yüksek bedeller olarak karşımıza çıkıyor. Fakat bu bedelleri ödeyip bu olumsuzluklarla baş edebilmemiz için gereken sayısız sosyal adaptasyonumuz da var. Bunlara genel olarak bakınca, yalnız kalmanın, sevgisizlik çekmenin ve bir başına olmanın neden bizim türümüz için iyi bir seçenek olmadığını daha iyi anlıyoruz. Milyonlarca yıldır ancak birlikte var olabilen bir türün torunları, bugün aşırı gelişmiş iletişim imkanlarına rağmen, kalabalık yerleşim öbeklerinde iletişim ve paylaşım sorunlarını had safhada yaşıyorlar. Tahminlerin çok ötesinde zararını gördüğümüz bu eksikliğin giderilmesi için orijinal sosyal ayarlarımızı detaylı olarak gözden geçireceğiz.

İFA-4: Düşük Stresli Bir Yaşam

Stres yanıtı, tabiattaki canlıların en temel hayatta tutucu güçlerinden birisidir. Tüm organizmalar stres yaratan durumlara karşı çok çeşitli yanıtlar üreterek, canlılığı tehlikeye düşürebilecek durumlarda bile yaşamı devam ettirmenin bir yolunu bulur. Beslenme, üreme, güvenlik ve gelişme gibi temel yaşamsal süreçler, adeta en temelden stres yanıtları ile bağlantılıdır. İnsan ise diğer canlılardan farklı olarak hem psikolojik stres üretebilen tek canlıdır hem de kendi yarattığı medeniyet ve yaşam tarzı içinde doğasında bulunmayan birçok stres faktörünü de bilip bilmeden yaşamına dahil etmekten vazgeçemez. Stresle ilgili ayarlarımızın mantığını anladıkça, modern şehir toplumlarında stres ve strese bağlı hastalıkların neden dünyadaki en önde gelen ölüm sebepleri arasında başı çektiğini çok daha iyi anlayacağız. Anlamakla da kalmayıp bununla ilgili olarak nasıl önlemler alabileceğimizi, bu yapay ve ağır stres koşullarının üzerimizdeki etkilerini nasıl en aza indirebileceğimizi de tartışacağız.

İFA-5: Sınırları Aşmak

İnsan denen organizmanın şimdiye kadar dünya üzerindeki temel etkisine ve çıktısına bakarsak sanırım bu organizmanın "yapılmayanı yapmak" için tasarlanmış bir garip varlık olduğuna kanaat getirmemiz zor değildir. İnsanın serencamı diğer hiçbir canlıya benzemez. Hele ki günümüzde yarattığımız şu baş döndürücü medeniyetin marifetlerine bakınca, insanın sadece biyolojik bir varlık olarak değerlendirilemeyeceği çok açık bir hale gelir. Bu sıra dışı "ayarımız" için seçtiğim "sınırları aşmak" başlığı altında, insanı salt biyolojik donanımının ötesine taşıyan zihinsel özellikleri açısından inceleyeceğiz. Sıradan hayatlarımızın bizi neden sıkıntılara sürüklediğine, insanın yaratıcılık ve yenilik bağımlılığının nedenlerine ineceğiz. Neticede insanın yani her birimizin, bu dünyaya "kendini içinde bulduğu sınırları aşma" dürtüsüyle gönderildiğini fark edecek ve bunun hem türümüz hem de bireysel olarak kendimiz için ne kadar önemli bir mesele olduğunu başka bir açıdan kavrayacağız. Günümüzde pozitif psikoloji alanının da en önemli konularından birisi olan "sınırları aşmak" bazılarına göre insan mutluluğunun tek kaynağıdır. Belki iddialı bir ifade, ama şu kısacık hayatta böyle iddialı bir ifadeye en azından bir yakından bakmadan geçmemek lazım.

Bu beş madde elinizdeki metnin temelini oluşturuyor. Fakat bir de benim "sıfırıncı kural" dediğim bir kural daha var. O da tüm ayarları, tüm yaşamı kapsayan "kaos" kuralı.

KAOS GÜZELDİR!

Kaos, fizik ve doğa bilimlerinde günlük yaşamda bildiğimizden çok farklı anlamda kullanılan bir terim. İlk kitabım *Kimsenin Bilemeyeceği Şeyler*'de bu konuda giriş düzeyinde özetlemeye çalıştığım bilgiler, kitabın ilk yayınlandığı günden beri okuyucuların en çok ilgisini çeken konuların başında geliyor (A.g.e., s. 177-280). Zira kaos, doğa bilimlerindeki anlamıyla "bildiğimiz anlamda periyodik yahut yeknesak bir düzene sahip olmayan, düzensiz veya rastgele gibi gözüken, ama arka planda kendi kendini organize eden kompleks bir matematiksel düzen tarafından yönetilen" sistem veya davranışlara verilen bir isim. Tam bilimsel adı "kaos kuramı" ve bu teorinin kitabî tarifi, "kompleks dinamik sistemleri inceleyen bir matematik dalı"dır aslında. 1960'lı yıllarda bugün bildiğimiz anlamda temelleri atılan kaos kuramı ve ilişkili alanlar, tabiattaki hemen tüm sistemlerin aslında anladığımız düzen kavramından çok farklı bir düzenle işlediğini bizlere gösterdi. Hâlâ da yeni bulgularla bu hayret verici ve kavranması zor bilgiyi hazmetmeye çalışıyoruz. Burada detaylarına girmeyeceğimiz kaos kuramı ve kaos bakış açısının bize öğrettiği şey, tabiatın bildiğimiz anlamda bir "düzen" ortaya çıkartma zorunluluğu olmaması ve tabiatın "rastlantısal" olmaktan öte, girift ve kaotik bir tarzda davrandığı önerisidir. Kaos kuramını biraz yakından tanıdığınızda hayatınızla ne kadar yakından örtüştüğünü hayretle fark etmeniz çok muhtemeldir. Zira gerek kişisel yaşamlarımız gerekse etrafımızdaki fiziksel dünyanın "doğal" davranışları, çoğu zaman bizim "beklenti" ve "düzen algımız"la uyumlu değildir.

Bugün bildiğimiz kadarıyla tabiatın ana işleme mantığına biz bilimde kaos diyoruz. Bedenlerimiz ve zihinlerimiz de dolayısıyla milyonlarca yıldır kaotik bir dünyada ve kaotik koşullar içerisinde evrilip yoğrularak bugünlere gelmiş olmalı. Bir başka deyişle kaos, zihnimizin alışık olduğu ve içinde programlandığı ana sistemdir. İnsanoğlu analitik aklını kullanmaya başladığından beri çevresine belli bir "düzen" vermek, belirsiz geleceği öngörülebilir yapmak ve bu sayede hayatta kalma şansını artırmak için, tüm medeniyetini bugün adına "düzen" (order) dediğimiz bir beklenti üzerine inşa etti. Bu beklentinin bugünkü hayatımızdaki karşılıkları saatli mesailer, günün belli saatlerine denk gelen öğünler, uykuya yatış ve sabah kalkış için kurduğumuz alarmlar, izin ve tatil günleri, sinema veya tiyatro seansları, toplu taşıma araçlarının kalkış zamanları gibi biçimlerde karşımıza çıkıyor. Elbette bunların birçoğu oldukça faydalı seçimler; mesela filmlerin sinemalarda "kaotik" saatlerde gösterildiğini yahut uçakların havaalanına belirgin bir zamanda değil de hasbelkader herhangi bir zamanda, hatta herhangi bir günde indiğini düşünün. Elbette hayatımız yaşanmaz olurdu.

Fakat tabiat biraz böyledir. Mesela kışın soğuk, yazın da genellikle sıcak olur ama yemek saatli gelmez. Havanın nasıl olacağı çok önceden belli olmaz (hâlâ günümüzde ancak en fazla 5-6 günlük isabetli hava tahmini yapabiliyoruz). Tehlikenin ne zaman geleceği çok önceden kestirilemez. Kısacası tabiat, bizim algımıza göre "düzensiz"dir. Düzenli bir hayat yaşayan insanlarda bile bazen hiç olmayacak saatlerde acıkma, cinsel arzuların uyanması yahut şöyle tatlı bir uyku basması söz konusu olabilir. Bedenimiz de öyle saat gibi çalışmaz pek; buna hepimiz aşinayızdır. Zira bu beden ve bu zihin, biz ne kadar düzenli ve sistemli yaşarsak yaşayalım, temelde kaotik bir tabiata sahiptir.

Sıfırıncı ayar işte bu gerçeği göz önüne alınca kendiliğinden ortaya çıkar: Günlük faaliyetlerimizde ve zihinsel süreçlerimizde rutinden kaçınmamız, arada bir sistemi şaşırtacak beklenmeyen değişikliklere izin vermemiz gerekir. Az, çeşitli ve aralıklı yemeyi ele alalım. Yemek listenizi incelikli bir şekilde tasarlayıp sıkı bir şekilde buna bağlı kalmanız, her gün aynı saatte mesai gibi belli yiyecekleri tüketmeye çalışmanız, bir süre sonra bedeninizde ve zihinsel donanımınızda stres oluşturabilir. Çünkü metabolik hızınız, besleyici maddelere olan ihtiyacınız, ağız tadınızdaki değişimler birçok faktöre bağlı olarak kaotik bir biçimde değişiklik gösterebilir. İlgili bölümde aşırı şeker ve tatlı tüketiminin bize neler yaptığını konuşacağız fakat şeker alımını tamamen kesmek yahut senede bir iki kere (eğer sağlığınız yerindeyse) şöyle lezzetli bir künefenin tadına bakmamak, yine size pek iyi gelmeyebilir. Size tavsiyem, senede bir iki kere mesela Hatay'a gidiyorsanız, abartmadan o muhteşem künefeden de yiyin. Ama her hafta künefe yemenin sizi erkenden öldürebileceğini de unutmayın. Bazen uyku saatlerinizi değiştirin. Bazen kahvaltıyı atlayın. Kimi zaman akşam, kimi zaman öğlen yemeyin. Birkaç gün vejetaryen, birkaç gün vegan olun; birkaç gün de et ve hayvansal ürünlerle beslenin. Her gün aynı şeyleri yemek, her gün aynı şeyleri yapmak bedenimize ve zihnimize pek iyi gelmez; yaptığımız şeyler kitabî olarak bize "iyi geldiği bilinen" şeyler olsa bile. Örneğin, hareket iyidir ama spor salonlarında keyfiniz yerinde olsun olmasın, her gün kendini aynı performansı göstermeye zorlamak, bedeninizi aşırı zorlayan ve sağlıklı olacağım derken belki de sonumuzu hazırlayan kötü alışkanlıklarımızdan birisidir.

Özetle, ne yaparsak yapalım, rutinden kaçınalım; kaosu hayatımıza davet edip, onu kullanmanın yollarını öğrenelim. Arada bir kaçamaklar, arada bir ihmalkarlıklar da lazımdır. Fazla programlı ve yeknesak bir yaşam, beden sistemimizle uzun vadede bozuşmamıza neden olabilir.

Şimdi sizleri fabrika ayarlarımızı daha yakından tanımak üzere bu beş temel ayar üzerinde ayrı ayrı durmaya davet ediyorum.

İyi yolculuklar!

İFA-1
HAREKET

HAREKETSİZLİK BİZİ NEDEN HASTA EDER?

"Hareket etmek için görür;
Görmek için hareket ederiz..."
William Gibson

BEYİN "NEDEN" VAR?

İnsan dahil tüm biyolojik organizmalar ortak ve temel bir plan üzerine inşa edilmiştir. Hücrelerimizin yapısı, DNA'larımızın dizilimi, biyokimyasal tepkime kalıplarımız ve hücrelerimizin içerisindeki iyonlar; ister insan ister zürafa isterse bahçemizdeki çimen yahut eğrelti otu olsun, temelde hepsinde aynıdır. Fakat canlıların yaşadıkları ortama göre çeşitli bedensel farklılıklar gösterdikleri de elbette malumunuzdur. Bu farklılıkların kaynağı, canlıların yaşadıkları ortamlar ile milyonlarca yıldır süren bir alışveriş içinde olmalarıdır. Tüm canlıların ortak özellikleri arasında çevreden gelen uyarıları veya değişiklikleri algılayarak bunlara tepki verebilmek gibi bir özellik olduğundan, ister tek hücreli bir bakteri, isterse çok hücreli bir hayvan yahut bitki olsun, tüm canlılarda bir veri iletim sistemi yahut sinir sistemine benzer bir haberleşme ağı bulunmak zorundadır. Fakat biraz düşününce, her canlıda beyin bulunmadığını hemen fark ederiz.

Hangi canlıların beyni vardır sorusunu sorunca karşımıza ilginç bir ayrım çıkar: Yer değiştirebilen yani hareket edebilen ve çok hücreli olan bütün organizmaların bir "kafası" ve o kafanın içinde de beyin yahut beyne benzeyen bir organ bulunur. Tüm canlılar çeşitli şekillerde hareket ederler fakat "yer değiştirebilme" mesela bitkilerin yapabildiği bir şey değil. Çoğu bitki -özellikle karasal bitkiler- bir yerde sabit durur ve sadece beden biçimlerini değiştirecek şekilde hareket eder. Ama -biz dahil- tüm hayvanlar, bir yerden bir yere hareket edebilir, yer değiştirebilir özelliktedir. İşte bu yetenek, karmaşık bir veri işleme sisteminin varlığını yani beynin varlığını mecbur kılar.

BEYİN VARSA HAREKET VAR

Organizmanın yer değiştirmesi söz konusu olduğu zaman, o canlıda ilave bir ihtiyacın ortaya çıktığını görürüz: Canlının etrafının farkında olması, besine doğru gitmesi, tehlikeden kaçması, acıdan sakınması ve uzaklaşması gibi, alıcılar aracılığıyla edinilen bilgilere göre "yön değiştirebilmesi" gerekir. Bunun için de duyu organlarına ve o duyu organlarının verilerini değerlendirecek bir merkezî işlem birimine ihtiyaç vardır. İşte bu merkezî işlem birimine de biz "beyin" diyoruz. Bu açıdan baktığımız zaman, çok hücreli bir canlıda yer değiştirme şeklinde bir hareket varsa, bir beyin; bir beyin varsa da bir şekilde hareket olmak zorundadır.

Beynin en gelişmiş versiyonu, bildiğimiz kadarıyla insanda bulunur. Yaptığımız tüm işlevler, beynin ürettiği tüm tepkiler, aslında harekete dayalı yanıtlardır. Elbette ki en gelişmiş versiyona sahip canlılar olarak, hareket repertuarı açısından en zengin tür olmamız da şaşırtıcı olmamalı. Mesela bu satırları yazan ben ve okuyan sizler, hiç de azımsanmayacak derecede karmaşık hareketleri birbiri ardına düşünmeden sergileyebiliyoruz...

HAREKET ÖMRÜ UZATIYOR

Milyonlarca yıl boyunca tabiatın bağrında şekillenip bugünkü haline kavuşan bir bedenimiz var. Tüm ayarlarımız da tabiattaki ihtiyaçlarımıza göre şekillenmiş. Fakat günümüzün insanı, orijinal tabiatıyla pek de ilgisi kalmayan garip bir çevrede yaşıyor. Bu bağlamda modern insanın en önemli sorunlarından bir tanesi de "sedanter" yahut hareketsiz yaşam dediğimiz sorundur.

İnsanlar özellikle gelişen teknoloji, ulaşım araçlarının çeşitliliği gibi kolaylaştırıcı unsurlar sayesinde artık eskiye nazaran çok daha az hareket ediyor. Gelişen dijital teknoloji nedeniyle ellerimizi, kollarımızı, ayaklarımızı yani bedenlerimizi artık çok daha az kullanıyoruz. Bu gelişmeler sonucunda ağırlıklı olarak "bilişsel insanlara" dönüşmeye başladık, özellikle de şehirde yaşayan insanlar olarak... Bu da ciddi sağlık sorunlarını beraberinde getiriyor. Peki bunu kendimize neden yapıyoruz?

En başta şunu söylemek gerekir ki farelerde, tavşanlarda yani çalıştığımız birçok hayvanda gördüğümüz üzere; fiziksel egzersiz yapan canlıların ömürleri, yapmayanların ömürlerinden daha uzun oluyor. Buradan da hareket etmeninin ya da etmemenin ömre olan büyük etkisini açık olarak biliyoruz. Fiziksel olarak hareket etmek, bu canlıların hayatta kalma olasılığını ve hastalıklara karşı savaşma kabiliyetini artırıyor. Aynı zamanda hareketsizlik de canlıların kanser gibi hastalıklara yakalanma riskini bir şekilde arttırıyor. Dolayısıyla hareket etmek, canlı bedenlerinde -özellikle de memeli bedenlerinde- çok faydalı, hatta faydalı olmanın ötesinde, yaşamsal bir bileşen olarak öne çıkıyor.[3]

ATALARIMIZ NEDEN OTURDUKLARI YERDE OTURMADILAR?

İnsanın hareketle ilişkisine baktığımız zaman, yaklaşık 160 bin sene önce Doğu Afrika'dan çıkan insan türünün birkaç bin yıl içinde on binlerce kilometre yol kat ederek dünyanın dört bir yanına nasıl da yayıldığını görüyoruz. Genel durum itibariyle ortaya çıkan manzara pek de normal bir şeye benzemiyor. Yani bu insanlar neden bu kadar hareketliydi? Neden oturdukları yerde oturmayıp da her yöne doğru çılgınlar gibi seyahat ettiler?

Bu konuda elbette muhtelif sebepler sayılabilir. Temel sebep ise biraz düşününce hepimiz için aşikârdır: İnsan, aynen bugün olduğu gibi yaşamsal kaynakları çok hızlı tüketen bir canlıydı. Hızla ürüyor, çok yiyor, ortamını hızla değiştirmek zorunda kalıyordu. Çünkü insanlığın ilk dönemlerinde tarım, gıda üretimi, market, bakkal gibi imkânlar mevcut olmadığından hazır yiyecek bulmak gibi bir şey elbette söz konusu değildi. Bu temel nedenlere

3 http://dx.doi.org/10.1136/bjsports-2017-098733

bağlı olarak insanlar çevrelerindeki kaynakları hızla tüketince hemen yeni kaynaklar bulmak üzere başka yerlere hareket etmek zorundaydılar. Aynı zamanda zayıf ve çıplak bedene sahip bir canlı olarak düşmanlarının saldırısına çok açık oldukları ve henüz korunaklı barınaklar yapamadıkları için sürekli yerleşik bir yerde bulunmak da onlar için avantajlı değildi. Dolayısıyla devamlı yer değiştirerek hayatta kalma olasılıklarını arttırmaya çalışmaları en mantıklı ve doğal strateji olmalıydı.

Tüm canlılarda açıkça gördüğümüz gibi, atalarımız arasında da farklı tiplerde ve varyasyonda beden yapısına sahip olanlar vardı. Yani aslında bugün her insan nasıl farklı ve benzersizse, o zaman da öyleydi. Şöyle düşünelim: Sportmen, hareketli, atletik, hareket ettiği zaman kendini iyi hisseden tipler kadar; çok hareketliliğe uygun olmayan, belki bel kemikleri yeterince gelişmemiş, bacakları vücut ağırlığını iyi taşıyamayan tipler de bulunuyordu. Bazı belli versiyonların yanında, bunlar ve çok daha başka özellikler bakımından farklılık gösteren, değişik tiplerdeki bireyler adedince sayısız model çeşidi de mevcuttu. Bakarsak bugün de zaten benzer bir çeşitliliğin olduğunu görebiliriz. Peki, sizce bu çeşitler arasında tarih öncesi dönemlerdeki hangi versiyonlar daha şanslıdır ve hangilerinin hayatta kalma - üreme imkanları daha fazladır? Şüphesiz, daha çok hareket edebilenler ve hareketi bedenleri için avantaja dönüştürenler daha fazla kaynak bularak daha uzun yaşama şansına sahip oldular ve elbette onların oransal olarak daha fazla çocukları ve torunları oldu. Bu durum canlılığın yeni nesillerle devam ettirilmesi açısından "seçilim süreci" olarak adlandırdığımız aşamada bir "seçilim baskısı" yarattı. Diğerleri yani bu derecede hareketli olmayanlar ise bu seçilim sürecinde ve böyle bir "seçilim baskısı" altında yeterince başarılı olamayıp ortadan kalktılar. Her ne kadar sosyal ve yardımlaşan bir canlı türü olsak da harekete uyumlu olmayan ve o çetin tabiat şartlarına uyum sağlayamayanlar, bu sebeple yeni nesiller içerisinde elenerek gittikçe azaldılar.

Dolayısıyla bizler bugün hareketi bedenleri için faydaya dönüştürebilmiş ataların torunlarıyız. Bedenlerimize baktığımız zaman da bunu açıkça görebiliyoruz.

ZİHİN VE BEDEN İÇİN HAREKET

Günümüzde özellikle şehirli insanlar için "hareketsizlik" (sedanter yaşam) sayısız hastalığın temelini oluşturuyor. Mesela günümüzde -daha sonra bahsedeceğimiz beslenme bozuklukları meselesiyle de birleşince- aşırı kilo (obezite) bugün şehirli insanın en önemli problemlerinin başında geliyor.

Kan şekerimizi düzenleyen ve pankreas tarafından salgılanan insülin hormonunun etkisinin azaldığı şeker hastalığı (diyabet) tipi, özellikle aşırı kilo ve yanlış beslenmeyle yakından ilişkili. Bu duruma "insülin direnci" adı da veriliyor. Hareketsizlik, böyle metabolik sorunların yanında, depresyon, melankoli, yenilikçi düşüncelerin azalması, sıkıntı ve bunalımlar gibi birçok zihinsel ve beyin temelli probleme de zemin hazırlıyor. Fakat basit de olsa sürekli yapılan bir egzersize başlandığında (mesela günlük rutin yürüyüşler yapmaya başladığımızda) vücudumuz bu tip risklerle çok iyi başa çıkabilmeye başlıyor. Birkaç haftalık rahat bir egzersiz rutiniyle, var olan insülin direncinin dahi normale dönmeye başladığını, klinik olmayan hafif depresyonun hızla düzeldiğini, yaratıcı düşüncelerin arttığını ve zihinsel enerjinin hızla yükseldiğini açıkça biliyoruz. Hareket etmenin hayatımızdaki etkisini gösteren bu kadar çok delilimiz varken, bu mucizevî ve basit eklemeyi bir türlü hayatımıza yerleştiremiyor olmamız, fabrika ayarlarımızın çok dışında gelişen yaşam alışkanlıklarımızın bizi nasıl bir duruma soktuğunu açıkça gösteriyor.

Özetle, süreğen (kronik) birçok hastalık, hafif ve orta düzeydeki depresyon, şeker hastalığı, yüksek kan basıncı, panik atak, kalp ritim bozuklukları gibi tıbben henüz nedenini ve çaresini tam olarak bulamadığımız birçok mesele, aslında günlük rutin egzersizlerle hızla düzelme yoluna girebiliyor. Egzersizin bu tip hafif patolojik durumlarda, var olan bütün ilaçlardan, bütün antidepresanlardan çok daha etkili olduğunu görüyoruz. Mesela klinik depresyon dediğimiz ağır seyreden depresyon gibi durumlarda elbette ki tedavileri takip etmek ve ilaç kullanmak gerekiyor. Fakat bunun dışında, bizi kronik sorunlara götürecek birçok yolu engelleyen en sihirli reçetelerden birisi, bedeni hareket ettirmek.

İNSANLIK MACERAMIZDA HAREKETİN ROLÜ

İnsanlığın dünyaya yayılma macerası, hayret uyandırıcı bir manzara çıkarır karşımıza. Henüz nedenlerini ve detaylarını çok iyi aydınlatamamış olsak da şöyle bir gerçek var: İnsanlık, Doğu Afrika'daki ilk ortaya çıkışından sonra, yaklaşık 160 bin yıllık bir geçmişle, önce Arap Yarımadası, oradan Anadolu ve Asya, daha sonra Kuzey Avrupa'ya dağılan son derece zorlu ve dallı-budaklı bir göç süreci geçirmiştir. O dönemlerde, Erectus, Neanderthal, Fluorensis ve Sapiens gibi insan türlerinin bir arada bulunduğu ve aralarında karşılaşma ve "çiftleşme" imkanlarının doğmuş olabileceği de tespit edilmiş durumda. Mesela daha önce aynı yerlerde bulunan ve Homo erectus'un atalık ettiği farklı bir insan türü olan Neanderthal insanı ile Sapiens arasında da bir karşılaşma ve bir miktar karışma yaşanmış zira Homo sapiens ve Neanderthal insanlarının birbirleri ile çiftleşip yavrular ürettiği bugün neredeyse kesin olarak bildiğimiz bir vakıa. Genetik kanıtlar, özellikle Avrasya insanlarının azımsanmayacak oranda Neanderthal genleri taşıdıklarını gösteriyor. Bu genlerin Afrika kökenli insanlarda bulunmaması ise söz konusu buluşmaların Afrika dışında, göçler neticesinde olduğunu gösteriyor. Yani insanlık, yine aynı dönemlerde Asya kıtasını da aşarak Amerika kıtasına kadar ulaşmayı başarmış. Bu maceralı yolculuğun tarihleri kesin olmasa da Asya ve Amerika arasındaki boğazdan geçen ilk Amerikan yerlilerinin yaklaşık 100 bin yıl önce buraya vardığını düşünüyoruz.

Yaşanan dağılıma baktığımız ve mesafeleri göz önüne aldığımız takdirde gördüğümüz tablo aslında inanılmaz! Çünkü henüz evcil hayvanların dahi mevcut olmadığı, herhangi bir taşıma aracı yahut vasıtanın bulunmadığı dönemlerde, çıplak ayaklar ve son derece iptidai teknolojik araçlarla bu kadar mesafenin nasıl kat edildiğine hayret etmek işten bile değil. Genel manzaraya bakınca görünen gerçek açık: İnsanoğlu, neredeyse varlığının ilk çağlarından beri "deliler gibi" hareket ediyor, geziyor ve dünyaya dağılıyor. Bu çetin göçler sürecinde elbette ki harekete uyarlanmış bedenler, çok daha uzak mesafelerde çok daha yeni ve yaşamaya uygun şartlar bulmaya muvaffak olarak türün devamını sağlayabiliyor...

Henüz tarımı ve yerleşik hayatı keşfetmemiş olan antik insanın tamamen harekete dayalı bu yaşamı, günümüzdeki insan bedeninin genel yapısına baktığımızda da kendini gösteriyor. Öncelikle dik yürümeye ayarlanmış bedenimiz, uzun mesafeli harekette bulunmak ve etrafı rahat kolaçan edebilmek için bulunmaz bir nimettir. Zaten insanın yürüyüş mekaniğine bakıldığında, tempolu bir yürüyüş sırasında asgarî enerji tüketimi ile azamî mesafeyi alabilecek şekilde ayarlanmış bir hareket sistemine sahip olduğu görülür. Bacak kemiklerinin kalçaya eklemlenme biçimi, üst bacak kemiklerinin aşağıya doğru daha dar bir açıda inmesi[4], ayaklara doğru alt bacak kemikleriyle kaslarının yerleşimi, ayakların kavisli ve süspansiyonlu bir kubbe tavan şeklindeki tasarımı ve ayak parmaklarının beden ağırlığını dengeleyecek şekildeki yerleşimi gibi yapısal (anatomik) unsurlar, bu sürekli yürüyen ve arada (özellikle sebat avı denen uzun süreli kovalamacalara dayalı avlarda) koşmak durumunda kalan bir primat için benzersiz avantajlardır.

Bu anatomik uyarlanmalar, harekete dayalı yaşam tarzının kaçınılmaz sonuçlarıdır. Ayrıca dik duran bir beden, güneş ışığına en az maruz kalınacak şekilde avantajlı bir yapı oluşturur. Dört ayaklı bir hayvanın, mesela bir babun yahut zürafanın bedenine düşen güneş ışığı miktarı, dik duran bir insana isabet eden miktara göre çok fazladır. Bu durum, sürekli hareket etmeye bağlı olarak yükselen beden sıcaklığını kontrol edebilmek ve aşırı ısınmayı engellemek için belirgin bir avantaj sağlar. Ayrıca neredeyse tüm bedenimize dağılmış olan ter bezlerimiz de salgıladıkları ter sıvısının derimizden buharlaşmasıyla ısıyı emen etkin bir soğuma sağlar. Oldukça tüysüz ve ter bezleri ile kaplı böyle bir bedene sahip tek primat türü olarak insanlar, bedenlerinde açığa çıkan aşırı sıcaklığı tahliye edebilmek için oldukça etkili araçlara da sahip bir tür olarak görünüyorlar.

Tekrar dere tepe gezme meselesine gelirsek, elbette bu büyük göç dalgası sırasında insanlar birbirinden çok farklı doğa koşulları

4 Mesela insandan farklı olarak şempanze gibi kuyruksuz maymunların bacakları karşıdan "parantez" gibidir. Bu nedenle dik durmaya ve uzun süre iki ayak üzerinde yürümeye çok elverişli değildir...

ve iklim özelliklerindeki birçok bölgeye yayıldı. Bunun bir sonucu da nesiller boyunca yerleşilen bölgelere bağlı olarak gelişen daha küçük çaplı uyarlanmalardı. Mesela bugün tüm insanların, (aslında pek de doğru bir kullanım olmasa da) "ırk" dediğimiz tüm türevleri de dahil olmak üzere, farklı beden tiplerindeki çeşitlenmelerden oluştuğunu biliyoruz. Özellikle son 500 bin yıldır sürmekte olan buzul çağının nispeten daha soğuk dönemlerinde kuzey enlemlere, örneğin Avrupa ve bugünkü İskandinav coğrafyasına dağılan insanların deri renklerindeki açılmanın yanında, daha kuzey enlemlerdeki Eskimoların bedenlerinin ve kol-bacaklarının kısalması bu tip uyarlanmalara örnekler olarak görülebilir. Sıcak iklimlerde uzun boy, uzun kol ve bacaklar avantajlı iken, soğuk yerlerde bu özellikler dezavantaja dönüşebilir. Dolayısıyla yüz binlerce yıl içinde hikâyesini tam olarak bilemediğimiz sayısız farklı çevre ve sayısız farklı insan versiyonu arasında karmaşık etkileşimler olmuştur. Bugün birbirinden oldukça farklı gözüken ama aslında biyolojik anlamda bir "ırk" olarak dahi ayrıca sınıflandıramayacağımız kadar benzer olan değişik görünüş ve özelliklerdeki insanlar böylece oluşmuştur. Bütün bu çeşitlilik içinde değişmeden korunan ve tüm insanlar için geçerli olan en önemli ortak nokta ise burada ve ilerideki sayfalarda bahsettiğimiz "fabrika ayarları"dır.

ÇOCUKLAR VE HAREKET

Beden yapımızın harekete ayarlı oluşunun en önemli göstergelerinden biri çocukluk çağında açığa çıkar. Hepimizin bildiği ve gördüğü gibi insan çocukları genellikle çok hareketlidir. Devamlı bir oyun-hareket ve yer değiştirme güdüsünün etkisi altında oldukları malum... İnsanın oluşumunda, hamilelik döneminin ardından diğer tüm primatlara göre çok uzun olan olgunlaşma dönemleri, karmaşık beyin yapısının doğumdan sonra edinilecek deneyimlerle zenginleştirilebilmesi için gereklidir. Bu deneyimlerin en önemlisi ise şüphesiz beden hareketleridir. Beden hareketleri, dünyayla iletişime geçmenin, onu deneyimlemenin en dolaysız yoludur. Çocuklar da bu fırsatı bolca kullanacak şekilde yapılandırılmış olarak doğarlar.

Günümüzde bu hareketliliğe dair artık farklı sınıflandırmalar yapılıyor. Çocuk gelişimi ve eğitimi süreçlerinde gittikçe daha fazla karşımıza çıkan "hiperaktivite" dediğimiz bir "sorun" eklendi lugatımıza. Yerinde durmakta, uzun süre bir işe odaklanmakta sorun yaşayan çocukların ve dolayısıyla yetişkinlerin sayısı artıyor gibi görünüyor. Fakat hareket "ayarlarımıza" bakınca, sorunun aslında bu insanlarda olmadığını görüyoruz. Sorun, insanların şu anda kendi tercihleri ile inşa ettikleri yaşam biçimi ile insanî ayarlarımız arasındaki temel bazı uyumsuzluklardan kaynaklanıyor. Eğer biz az evvel bahsettiğimiz kadar hareket etmek zorunda olan ataların torunlarıysak, günümüz insanının, özellikle de çocukların son derece hareketli olmasını yadırgamamak gerekiyor...

HAREKETE MUHTACIZ

Eğitim sistemimiz öğrencilerin bütün gün bir yerde oturmasını ve büyük oranda hareketsiz kalarak bir şeyleri "bilişsel" açıdan öğrenmelerini gerektirdiği için olsa gerek, hiperaktivite ve dikkat bozukluğu gibi şikayetlerimizin ciddiyeti artıyor. Elbette klinik anlamda "aşırı hareketlilik" gibi bazı rahatsızlıklar gerçekten de var; bunlar sinir sistemindeki hareket ve dürtü kontrol sistemlerinin doğru çalışmamasından kaynaklanıyor. Ama bu klinik tabloların dışında, bugün 40 dakika boyunca bir sınıfta oturup sürekli derslere konsantre olabilsin diye çocuklarımızı ilaçla "uyuşturmayı" tercih ettiğimiz bazı garip uygulamalara da maalesef rastlayabiliyoruz. Başarıyı eğitim -daha doğrusu yüksek puan alma- başarısına endekslemek gibi anlamsız bir ön kabul neredeyse herkesi sarmış durumda. Öğrencinin etrafında, sınavlardan alınacak notları her şeyin üzerinde görüp geri kalan tüm insanî ihtiyaçları göz ardı edecek kadar gözünü karartmış bir "çevre" kültürüyle karşı karşıyayız.

Sadece buraya kadar özetlemeye çalıştığım pencereden, insanın biyolojik ayarlarına kabaca bir bakacak olursak; aslında kırk dakika boyunca kapalı bir ortamda, sabit bir yerde oturabilen ve bundan rahatsızlık duymayan bir insan çocuğunun "sorunlu" olabileceğinden şüphelenmemiz gerekirdi. Zira biyolojik olarak açıkça biliyoruz ki hareketsizlik, özellikle de çocuklar için, "fabrika ayarlarımızla" hiç de uyumlu bir durum değildir. Bu basit örnek, kendimizden bazen ne kadar uzaklaşabildiğimizi, doğamıza ne denli yabancılaşabildiğimizi bize çok açık olarak gösteriyor aslında.

Diğer taraftan elbette her insan, her çocuk aynı oranda harekete müptela değildir. Her açıdan olduğu gibi hareket açısından da doğuştan getirdiğimiz yahut yaşarken edindiğimiz farklılıklarımız var. *Terkip* başlıklı en son bölümde anlatacağımız gibi az ya da çok olsun, hareket etmek temel ayarlarımızdan bir tanesidir. Bu temel ayarda görülebilecek bireysel farklılıklar da türün zenginliğiyle ilgili bir konudur; gereklidir. Fakat eğer siz bu çeşitliliğin kökenlerini anlamıyorsanız, yapacağınız yaşam tarzı seçimleri sizi doğanızdan çok uzak noktalara sürükleyebilir. İnsanlığın bugün temel olarak yaşadığı sorunların kaynağı da bu hususun ihmal edilmesiyle ilgilidir.

ŞEHİR YAŞAMI BİZE NE YAPIYOR?

Tarımın keşfedilmesinden önce insanlar bildiğimiz kadarıyla avcı-toplayıcı olarak yaşıyorlardı ve bu avcı-toplayıcı süreçte bizim gibi uzun mesailerle çalışmasalar bile, gün içerisinde çok yoğun harekette bulunmaları gereken zamanlar vardı. Muhtemelen boş zamanları da çok fazlaydı ama yine de bu dönem fiziksel hareketin ağırlıkta olduğu bir yaşam döngüsüne sahipti.

Tarımın gelişmesi, yerleşik hayata geçiş ve şehirleşmenin yaşandığı yeni dönemlerdeyse fabrika ayarlarımızdan uzaklaştığımız bir sürecin başladığını görüyoruz. İnsanlık olarak esas doğamızdan nispeten koptuğumuz, daha farklı bir düzen kurmaya yöneldik. Yüzyıllar içerisinde sürekli geliştirdiğimiz bu yapay ortamlar içerisine de kendimizi bir şekilde hapsetmiş olduk. Gerçi o dönemlerde yaşayan kim olsa muhtemelen aynı seçimleri yapardı: Tabiatın sunduğu besinlerle yetinirken bir anda istediğiniz kadar yiyecek yetiştirme yöntemini keşfettiğinizi düşünün. Elbette tarım, zor doyan bir canlı olan insanoğlu için bulunmaz nimetti (veya öyle gözükmüş olmalı). Ayrıca, buna ek olarak bir de kendi bedensel gücünün üzerine çıkabileceği, gücünün yetmediği şeyleri artık yapabileceği imkânlara sahip olacaktı. Tekerlek, kaldıraç, saban gibi basit aletler icat edildiğinde, insanların böyle güzel icatları kullanmaması için bir neden yoktu. Görünürde bunların faydaları ortadaydı ve şu an yaşanan üst düzey teknolojik gelişmelere gösterdiğimiz çılgın ilgide olduğu gibi, muhtemelen o zaman da bu tip yeniliklerin büyüsüne kapılıp bu teknolojilerin bizden neler götürebileceğini düşünememişti atalarımız. Oysa görünen yüksek faydaların yanında dikkat edilmesi gereken belli sınırlarımız hep vardı ve olmaya da devam edecek. Özellikle araba, uçak gibi modern ulaşım araçlarının icat edilmesi, bizi oldukça hızlandırıp yer değiştirmemizi kolaylaştırsa da bedensel hareketimizi zamanla ileri düzeyde kısıtladı. Bu durumda milyonlarca yılda harekete göre şekillendirilmiş bedenlerimizin muhtelif sorunlar yaşaması da bildiğiniz üzere kaçınılmaz hale geldi.

İnsanlık maceramızdaki yolumuz, icat ettiğimiz yüksek teknolojiyle adeta dijitalleşen hayatlara kadar vardı. Son 30-40 yılımızda artık dijital teknolojinin ve dijitalleşmenin hâkimiyetiyle beraber birçok şeyi neredeyse sadece parmağımızı oynatarak yapar hale geldik. Bilgi almak için dahi hareket etmemize gerek kalmadı. Dolayısıyla birçok şehirli insan için hemen her şey, durağan bir beden içerisinde deli gibi işleyen bir zihinle yürütülüyor.

Geldiğimiz süreçte ne yazık ki insanoğlunun doğa ile teması gittikçe azalıyor. 2025 yılı civarında dünya nüfusunun yarısı şehirlerde yaşamaya başlayacak diyen uzmanlar bile var. (Kitaplara gelecekle ilgili böyle tahminleri not düşerken, mesela 2140 yılında hasbelkader bu kitabı okuyacak olan insanları ve neler düşüneceklerini de merak etmeden duramıyorum!) Neticede eğer şehirleşme çeşitli sorunlar üretiyorsa -ki kesinlikle üretiyor- çok yakında bu sorunlar dünyanın temel sorunları haline gelecek.

Bildiğiniz gibi şehirli insanlar genel olarak tabiattan uzak ve kopuk bir hayat yaşamak zorunda kalıyor. Gıda, giyim, barınma gibi bütün temel ihtiyaçlarımız, hiç tanışmadığımız başka insanlar ya da gruplar tarafından karşılanıyor. Bizler de belki hiç tanımadığımız insanların ihtiyaçları için muhtelif üretimler yapıyoruz. Artık yiyecek bulmak, barınak sağlamak için çok fazla bedensel yahut zihinsel bir çaba göstermemize gerek yok. En kötü ihtimalde, bakımsız da olsa dört duvarı olan bir evi, az da olsa yemeği ve suyu elde edebiliyoruz. Şehir yaşamında çoğunlukla odaklandığımız amaç ise daha iyisine erişebilmek için daha çok "para kazanmak". Dolayısıyla belki de tarihimizde bedenimizi ve beynimizi en düşük düzeyde kullandığımız bir dönemi yaşıyoruz. Aslına bakarsanız bu dönem insanoğlu için çok yakın bir geçmişte başlamadı. En az beş bin yıldan beri bu sonuca giden yolu hızla inşa ediyorduk. Kısacası, bu seçimleri yaparak, kendimizi pek çetin bir sorunlar dizgesinin de içine iten yine biziz. Ama bunun bedellerini ancak yeni yeni anlamaya başlayabiliyoruz...

CENNETTEN KOVULMA

İnsanlık öykümüzün bu kısmında edebî ve aydınlatıcı olduğunu düşündüğüm bir çağrışımı da not etmeden geçmeyeyim: Kutsal kitaplarda anlatılan insanoğlunun cennetten "kovulma" hâdisesi, bizim medenîleşme sürecimizle ilginç paralellikler içeriyor. Başlara döndüğümüz zaman temel olarak avcılık-toplayıcılıkla yaşayan insanların sıklıkla açlık çektiklerini ve buna rağmen tabiatın sunduklarıyla yetinmeleri gerektiğini düşünüyoruz. Tarım devrimi sonrasında ise kendimizi büyük bir ürün ve imkân bolluğu içinde bulduğumuzu düşünme eğilimindeyiz. Fakat gerçeklere baktığımızda durum biraz farklı. Çünkü avcı-toplayıcı dönemlerde insanlar nispeten daha az çalışmak durumundaydı. Ne bulurlarsa, yenebilecek her şeyi de yemek zorundaydılar. Zira tabiat sürekli olarak insanı doyurabilecek şekilde sabit bir gıda üretimi yapmıyor malumunuz. Hal böyle olunca bütün bedensel sistemimiz; dişlerimizden hareket sistemimize kadar her bölümümüz, böyle çeşitli ve sindirimi zor gıdalardan faydalanabilecek şekilde ayarlanmış görünüyor.

Her ne kadar günün önemli bir kısmında çalışmak zorunda olsalar da avcı-toplayıcı topluluklar aynı zamanda zor elde edebilecekleri enerjiyi korumak için dinlenmeye ve uyumaya da bolca vakit ayırıyordu. Tarım ve hayvancılığın keşfedilmesinden sonra elbette o güne kadar görülmemiş bir besin bolluğu da beraberinde geldi. Fakat tarımla uğraşan herkes, işlerin her zaman o kadar iyi gitmediğini bilir. Tabiattaki neredeyse sınırsız çeşitliliğin yanında, tarımda kullandığımız bitkiler çok daha sınırlı sayıdadır. Bitkisel ıslah ve yapay seçilim neticesinde yüzyıllar boyu "en verimli" halleri üretilmiş bitkilerin besin değeri de kaçınılmaz olarak azalmıştır.

Diğer yandan çeşitlilikteki ve besin değerindeki bu azalmayla birlikte, tarım ve hayvancılıkta gıda elde etmek amacıyla yetiştirdiğimiz canlıların "insana bağımlılığı" da söz konusu olmaya başladı. Mesela yaklaşık 12 bin yıl önce teosint denen bir bitkiden ıslah edilmeye başlanan bugünkü mısır bitkisi, artık insan bakımı olmadan tabiatta yetişemeyecek kadar acayip ve sofistike bir şekle girdi. Diğer bütün tarım ürünlerimiz de benzer şekilde türlerini sürdürebilmek için insan bakımına muhtaç hale geldi. Elbette ehlileştirilen, evcil çiftlik hayvanları da öyle...

Koyun ve ineklerden kedi ve köpeklere kadar etrafımızdaki birçok evcil canlı, tabiattaki atasal türlerinden çok farklıdır ve artık bu hayvanların nesilleri ancak insanla karşılıklı bağımlılık ilişkisi devam ettiği takdirde devam edebilir. Bugün sokaklarımızı, evlerimizi dolduran bu canlıların hemen hemen tamamı, 10-15 bin yıllık bir geçmişte ortada yoktu. Bugün hemen her yerde görebileceğimiz o fino köpeklerinden sevimli muhabbet kuşlarına birçok "şehir hayvanı", o zamanlar tabiatta göremeyeceğiniz şeylerdi...

Tekrar tarımsal üretim ve hayvancılık perspektifine dönersek, bunların her zaman azamî verimle çalışmadığını söylemiştik. Kuraklık ve kıtlık dönemleri mukadderdir ve ekme, tarla bakımı, hasat, ürün ayrıştırma gibi uzun işlemler, bazı senelerde tamamen boşa gidebilir. Tarım ürünlerine bağımlı ve düşük besin değerine sahip daha az çeşitteki gıdayla yaşamak üzere yerleşik hayata geçmiş insanlar için ise bu ciddi bir yıkım anlamına gelir. Tarım, her ne kadar avantajlı gibi görünse de insanların toplam çalışma saatleri, besin zenginliği ve sürekliliği açısından avcı-toplayıcı yaşam tarzına göre uzun dönemde dezavantajlı dahi sayılabilir...

Kısaca özetlemeye çalıştığım bu sorunlar, kutsal kitaplarda bahsedildiği şekliyle "yasak ağaçtan yiyerek cennet bahçesinden kovulan, dünyaya dağılan" insanın öyküsüyle çarpıcı bir paralellik arz ediyor. Nüfusun artması, şehirleşme ve ona bağlı sorunlar, düşük besin kalitesi, yerleşik hayata bağlı olarak ortaya çıkan ve daha önce görülmemiş çeşitli bulaşıcı hastalıklar, sürekli çalışma ve üretme zorunluluğu, tabiatı yönlendirme sorumluluğu, özel mülkiyet, özel mülkiyete bağlı güvenlik endişeleri, kavgalar ve nihayetinde bitmeyen savaşlar gibi birçok yeni görev ve sorun, insanoğlunun boynuna tarımın icadıyla yüklenmiş gibi görünüyor. İşte tam bu noktada, "yasak ağaçtan" yedikten sonra cennet bahçesinden çıkan ve dünyaya geçimlik aramak için dağılan insanın durumuna dair farklı yorumlar yapmak mümkün:

"...Derken, şeytan ayaklarını oradan kaydırdı. Onları içinde bulundukları konumdan çıkardı. Bunun üzerine biz de 'Birbirinize düşman olarak inin. Sizin için yeryüzünde belli bir süre barınak ve yararlanma vardır.' dedik." (Kur'ân-ı Kerim; Bakara-36)

Bu ve benzer ifadeler sadece Kur'an'da değil, diğer birçok kadim anlatıda da karşımıza çıkar. İnsan türünün yaptığı bir seçim nedeniyle yoldan çıkması, tabiatın düzenine ve kendi ayarlarına (fıtratına) aykırı düşmesi neticesinde "kendi geçimini temin etmek zorunda" bırakılması gibi, insanlığın bildiğimiz antropolojik gelişimiyle çarpıcı benzerlikler içeren kadim bir anlatıyla karşılaşırız. Bu açıdan bakılacak olursa yasak ağacın "ne" olduğu, "şeytan"ın kandırmasının anlamı, geçimlik elde etmek üzere birbirlerine düşman olarak yeryüzüne inmenin manası gibi sorular sembolik olarak bambaşka anlamlara da bürünebilir. Elbette burada konumuz bu anlatıları açmak değil. Ama çarpıcı benzerlikler bize bu bilginin sadece evrimsel biyoloji, antropoloji ve paleontoloji gibi alanlardan gelmiyor olabileceğini de düşündürüyor.

BEYİNLERİMİZ NEDEN KÜÇÜLÜYOR?

Eğer sınav döneminde bir öğrenci yahut bir şirket yöneticisi iseniz, günlük yaşamınızda beyninizi çok fazla zorladığınız için endişeye kapılıyor olabilirsiniz. Ama sizi rahatlatayım; durum aslında sandığınızın tam tersi halde... Günümüzdeki meşguliyetlerimizin birçoğunun bizi derinlemesine düşündürmesine, hatta canımızı çok sıkıp kafamıza ağrılar sokacak kadar bizi uğraştırmasına rağmen beynimizi kullanma oranımız binlerce yıl önceki atalarımıza göre artık oldukça düşük bir düzeyde. Hem bunun tek suçlusu 2000'li yıllardan itibaren hayatımıza gittikçe daha fazla giren dijital teknolojiler de değil.

Başta kafatası hacimleri üzerine yapılan sayısız ölçümleri ele alırsak, kabaca son beş-on bin yılda insan beyninin yaklaşık %4-5 oranında küçüldüğünü görüyoruz.[5] Aynı durum evcil hayvanlarda da mevcut. Evcil hayvanların beyni, tabiatta yaşayan benzerlerine nispeten daha küçüktür. Özellikle beden ağırlığı başına düşen beyin ağırlığına bakıldığında yani beynin beden büyüklüğüne oranına baktığımızda durum ilginçtir: Kaz veya ördek gibi evcil kuşlarda vahşi olanlara göre %15, kedilerde diğer kedigillere göre %30 oranında küçülmüş beyinlerle karşılaşırız. Diğer tüm evcil hayvanlarda da durum benzer haldedir. Özellikle kedi ve köpekler gibi oldukça "zeki" görünen hayvanları da kapsayan bu durumun sebebi aslında açıktır: Evcil hayvanların doğadaki akrabaları gibi yiyecek bulmak için çetrefilli stratejilerle mücadele etmelerine gerek yoktur. Doğal şartların kaotik yapısı içinde hayatta kalmak adına mecburî bir ihtiyaç olan sıra dışı zihinsel donanımlar, artık gereksizdir. Dolayısıyla bu donanımın devre dışı kalmasıyla daha küçük bir beyin olayları rahatlıkla idare edebilir. Bu küçülme, size evcil hayvanların daha "aptal" olduklarını düşündürmesin. Onların beyinleri de gerektiği kadar yani bulundukları şartların gerektirdiği kadar gelişmiştir. Temelde ihtiyaçları karşılama açısından bir eksiklik yoktur; ihtiyaçlarının doğal zemininde neler gerekiyorsa beyinlerinin kapasitesinde bunlar yer almaktadır. Zira beyin gibi metabolik olarak pahalı bir organı boş yere büyütmek, zaten beden ekonomisi prensiplerine aykırıdır.

Hayvanlardaki bu durumu insanların kültürel evrim süreci boyunca da benzer şekilde gözlemleyebiliyoruz. İnsanlık, özellikle tarımın icadından bu yana doğadaki birçok yeteneğini kullanma

5 "Brain size has increased for most of our existence, so why has it started to diminish for the past few thousand years?" Scientific American Mind 25, 6, 74 doi:10.1038/scientificamericanmind1114-74b

ihtiyacının kalmadığı bir hayata doğru evrildi. Tarım ve hayvancılık büyük miktarda yiyecek üretmeyi mümkün kılarken, besin elde etme stratejilerini basitleştirdi ve diyetlerimizi daha sınırlı hale getirdi. Tarıma bağlı şehirleşme ve şehirleşmenin hızla yaygınlaşması da beynin doğadaki yeteneklerini birer birer gereksiz kılmaya başladı. Daha önce de bahsettiğimiz gibi tüm zihinsel ve duygusal özelliklerimizin yönetim yeri olan beynimiz, yakıt tüketimi açısından oldukça maliyetli bir beden parçası olduğundan, kullanılmayan işlevler söz konusu olduğunda yapısında küçülmeye gitmesi veya başka bir deyişle bu yönden gerilemesi gayet mantıklıdır. Kullanılmayan işlevlere ait sinirsel devrelere fazladan enerji harcamak biyolojinin temel ekonomi prensipleri ile uyumsuz bir strateji olurdu...

BÜYÜYEN TEKNOLOJİ, KÜÇÜLEN BEYİNLER

Günümüzde, tarih boyunca "bizi insan yapan" biyolojik ve kültürel uyarlanmalarımızın çok dışında, dijital bir devrimle de karşı karşıyayız. Bu devrimin sonucu olan belirsiz gelecekte, eğer her şey böyle giderse, doğadaki koşullara uyumlanmış beyin devrelerimizin birçoğunun işlevsiz kalacağını da öngörebiliriz. Yani bizler şehirleşme, bilim ve teknolojide ilerledikçe, bu büyük beynimize gittikçe daha az iş düşecek. Daha şimdiden, elimizdeki mobil telefonlarla yerimizden kalkmadan her türlü maddî ihtiyacımızı birkaç tıklama ile giderebiliyoruz zaten. Mesela kursa gitmek yerine uygulamalarla veya interaktif başka programlarla eğitim alabiliyor, işlerimizi e-postayla halledebiliyor, acıktığımızda yemeğimizi sipariş edip elimizi cebimize bile sokmadan ödemeyi yapabiliyoruz. Yıkanıp ütülenen çamaşırlarınızı, sipariş ettiğiniz yemeğinizi, iş dosyalarınızı motosikletli bir kuryenin kapınızı çalmasıyla teslim alabildiğiniz bir dünyada; beslenme, üreme, öğrenme ve yaşamın ritmi artık bambaşka bir düzeyde akmaya başladı bile...

Peki hayatımıza bu kadar farklı yenilik girmesine rağmen beyinlerimizin küçülmesi ne anlama geliyor? Zihinsel güçlerimizi mi kaybediyoruz? Aptallaşıyor muyuz? Bu sorulara genel olarak "hayır" cevabı verebiliriz zira kaybettiğimiz özellikler artık ihtiyaç duymadığımız özellikler. Zihinsel güç doğrudan beynin büyüklüğüyle orantılı değil ama beynin küçülmesi, aynı zamanda doğada kazandığımız birçok beceriyi de yitirdiğimiz ve gittikçe de yitireceğimiz anlamına geliyor. Bu durumun olası kötü sonuçlarından birini şöyle hayal edebilirsiniz: Eğer yarın öbür gün bütün medeniyeti etkileyen büyük bir felaket olur da bazı bilim kurgu senaryolarında gördüğümüz gibi enerjiye dayalı dijital medeniyetimiz ortadan kalkıverirse, bu tarz bir "medenî uyum" sürecini ileri düzeyde kat etmiş, doğal yaşamla bağlantısı zayıflamış insanların çoğu, doğal becerilerini de büyük oranda yitirmiş olacakları için, bu insanların hayatta kalabilmeleri çok daha zor olacak.

Tabii bu konular üzerinde kafa yorma mecburiyeti yok... Tipik bir şehirli ve modern teknolojinin içine doğmuş bir insansak, insanlığın hep daha ileri doğru gideceğine, teknolojinin hep böyle gelişmeye devam edeceğine, aklın ve bilimin tüm sorunlarımızı zamanla çözeceğine ve tabiattan ayrı suni bir yaşamı ilanihaye sürdürebileceğimize dair boş bir inanç ve özgüven oluşturmamız da gayet mümkün. Fakat biraz tabiatı öğrenip anlamaya çalıştığımızda; biraz "beslenme", "üreme", "canlı olma" ve "ekosistem" gibi kavramların temellerini kavramaya başladığımızda bu temelsiz özgüven yerini gerçekçi ve akıllıca bir endişeye bırakacaktır. Hayatımızı sürdürmek için ihtiyacımız olan her şeyin, başta Güneş olmak üzere tüm bu büyük kozmik sisteme ve dünyadaki o hassas canlılık dengesine bağlı olduğunu anladığımızda, özgüven yerine pişmanlık dahi hissetmeye başlayabiliriz. Başlamalıyız da... Bu nedenle, özellikle bugün ve gelecekte, insanoğlunun fabrika ayarlarını unutmaması ve sıklıkla hatırlaması, kendi hayrına olacaktır.

TARIMIN BESLENMEMİZE ETKİLERİ

Tarımın ortaya çıkışıyla beliren dezavantajlardan o kadar bahsettik ki tarıma geçerek iyi mi yoksa kötü mü etmişiz diye sorgulayabilirsiniz. Ama elimizdeki verileri iyi anlayıp ortaya çıkan sonuçları iyi işlersek, avantaj gördüğümüz şeylerin yanında gelen yan etkilerden korunma fırsatını yakalayabiliriz. Yine tarımın ortaya çıkışıyla insanoğluna avantaj gibi gelen ama aslında dezavantaj olan çok önemli bir gerçek var: Bol miktarda besin üretimi. Bu üretim zamanla endüstriyel gıdayı da beraberinde getirdi ve bir sonraki başlıkta tartışacağımız gibi, beslenmeyle ilgili bu gelişmeler aslında beslenme sorunlarımızın birçoğunun kaynağı haline geldi. Bu konuyu detaylı olarak bir sonraki fabrika ayarı başlığında zaten ele alacağımız için burada genişletmiyoruz.

Doğadaki kıt kaynaklarla beslenmeye alışmış bir canlı, kendini besin bolluğu içinde bulursa neler olur? Buradaki konumuzla ilgili olarak öncelikle biliyorsunuz ki besine kolay ulaşım, beden hareketlerini doğal olarak azaltır. Tabiatta kısıtlı miktarda besin bulabilerek yaşayan canlılar, besini arayıp bulabilmek için onları harekete geçirecek aşırı bir iştah ve yeme güdüsüyle donatılmıştır. Bu aşırı yeme güdüsü arka planda çalışmaya devam ettikçe, gereğinden fazla besin tüketme ve aşırı kalori alma sorunları başlar. Mesela biz şu anda çok yoğun fiziksel hareket gösteren atalarımızdan çok daha fazla besin tüketiyor ve dolayısıyla çok daha fazla kalori alıyoruz. Öte yandan eğer egzersiz yapmayan ve teknolojinin konforlu nimetlerinden sonuna kadar faydalanan bir şehirli iseniz bu fazla kalorileri harcayabilmeniz de zor... Sonuç olarak modern insanın bedenindeki yağ birikiminin ve metabolik bozuklukların fitili işte böyle ateşleniyor. Besin bolluğunun ve endüstriyel gıdaların etkilerini bir sonraki bölümde yine inceleyeceğiz. Fakat burada, hareketsizliğin şehirli insan için neden en sıkıntılı sağlık sorunlarından birisi olduğunu artık hemen fark edebileceğimiz bir noktadayız. İşte bu nedenle spor ve egzersiz yapmayı ihmal etmemenin, bunları olabildiğince düzenli şekilde gerçekleştirmenin önemini bir kez daha anlıyoruz...

HAREKET Mİ SPOR MU?

Biz insanlar tuhaf canlılarız ve aslında bu tuhaflıkta üstümüze yoktur! Tüm canlılar biyolojik ihtiyaçlarına yönelik davranışlar ekseninde bir hayat yaşarken; bizim birçok amaçsız görünen, varlık nedenimizden kopuk, anlamsız diyebileceğimiz faaliyetimiz var. Bu açından da pek özeliz. Mesela fiziksel egzersizi ele alalım: Herhangi bir amaca yönelik olmadan saatlerce fiziksel efor sarf etmek, sırf kan ter içinde kalmak için debelenmek, sadece modern türdaşlarımıza özgü bir garipliktir. Elbette sporu robot gibi anlamsızca da yapmıyoruz (en azından çoğumuz). Amacımız belli; vücudumuzda biriken fazla enerjiyi bir şekilde fiziksel hareketle dengelemenin peşindeyiz. Ama acaba bedenimize sadece böyle bir "girdi-çıktı muhasebesi" bağlamında bakmak; sırf daha uzun yaşama hesabıyla, sınırlı ömrümüzün ciddi bir kısmını "bizi hiçbir yere götürmeyen" koşu bantları yahut pistler üzerinde terlemek için harcamak ne kadar "sağlıklı"?

Bedeni sadece fiziksel olarak çalıştırmak için spor yapmak; insan gibi anlam arayan, olayların bağlamını merak eden ve biraz da mistik bir kafa yapısına sahip bir canlı için, uzun vadede çok akıllıca bir seçim değil gibi görünüyor. Eğer profesyonel bir sporcu değilseniz, spordan bir kazanç sağlamıyorsanız ve madalya toplama derdiniz de yoksa, belirgin ve yaşamsal bir neden olmadan bedeninizi sürekli zorlamak istemezsiniz. Zaten bu durum bir süre sonra ciddi anlamda motivasyon kaybına, hatta zihinsel ve bedensel sağlıkta çeşitli olumsuzluklara dahi neden olabilir. Ancak fiziksel egzersizin bizzat kendi başına zihinsel ödülleri ateşleyici ve güdüleyici birçok sonucu vardır. Özellikle fiziksel harekete bağlı olarak salgılanması artan endorfin, anandamid ve serotonin gibi hormonların da etkisiyle, spor ya da egzersiz yaptığımızda kendimizi daha iyi hisseder ve daha yüksek bir zihinsel işlev düzeyine sahip olabiliriz. Fakat bu maddelerin salgısı, zihinsel faktörlere fazlasıyla bağlıdır ve bu olumlu sonuçlar sadece kasların hareket ettirilmesi ile ilgili değildir.

HAREKET MOTİVASYONUNU SÜRDÜRMEK

Öncelikle beynimiz temelde "duygusal bir zihni" yönetir (yahut ona aracılık eder). Yani duygular esastır ve mantıklı gerekçeler daha sonra gelir. Motivasyon dediğimiz sürdürülebilir yönlendirici zihin gücü de temelde duygulardan doğar. Bir insanı mantık yoluyla ne kadar tartışılmaz derecede ikna ederseniz edin, o insanın duygusal devrelerinde gerekli değişiklikler oluşmadığı takdirde davranışlarının değişmesi çok zordur. Motivasyon, "neden"lere bağlıdır. Fakat insanı yönlendiren nedenler, mantıksal olmaktan ziyade öncelikle dürtüsel ve duygusaldır. Doğru olduğunu bildiğimiz birçok şeyi yapmamamız ve yanlış olduğunu bildiğimiz birçok davranışı tekrar edip durmamız da bu durumdan kaynaklanır. Dürtüleri dizginlemek (irade), bir davranış yerine başka bir davranışı tercih edebilmek (ihtiyar) veya harekete geçerek bu hareketi sürdürebilmek için duygusal motivasyon gerekir. Kuvvetli duygular, dürtüleri değiştirebilir ve bilinçli davranışları da kalıcı olarak farklı kalıplara yönlendirebilir. Yeme düzenimiz, kalp ritmimizden kan basıncımıza kadar birçok parametremizin değerleri, insanlarla iletişim kurarken kullandığımız hareket kalıpları veya yürüme ritmimiz bile bunlardan etkilenir. Âşık olduğumuzda, öfkelendiğimizde, ileri düzeyde korku hissettiğimizde ve "gaza geldiğimizde" yaşadığımız durum budur.

Duygu denince akıllarımıza sadece aşk-meşk yahut korku-öfke gibi mevzular geliyor olabilir, bu da doğaldır. Ama bilin ki bunlar duygusal bilgi sisteminin sadece bazı aşikar ve okunabilir çıktılarıdır. Atalarımızı doğal ortamda yüz binlerce yıl hayatta tutan zihinsel devreler, temel olarak bu duygusal sistemde işler. İştah, arayış, yenilik beklentisi, hoşlanma-hoşlanmama, tiksinme ve sıkıntı gibi duygulanımlar; beslenmeden üremeye, en iyi barınakları bulmaktan yırtıcılardan korunmaya kadar sayısız işi otomatik pilotta gerçekleştirmemizi sağlar.

Merkezî sinir sistemimizde hareketlerimizi ve kararlarımızı yöneten iki farklı karar sistemi vardır. Bunlardan ilki "sıralı akıl yürütme" gibi işlevlerimizi yürüten, yavaş ve adımlarla çalışan bilinçli sistemdir. Alet yapımı, basit teknik sorunları çözme, inşa ve tamir faaliyetleri gibi nispeten daha basit ve teknik işlerde çalışan, yavaş ve pahalı olan bu sisteme "Sistem-2" adı da verilir. Diğer sistem ise örüntüsel, hızlı, dürtülere dayalı ve temel düzeyde yönlendiricidir. Bu sistem, beyindeki en "eski" karar sistemidir ve bu nedenle "Sistem-1"[6] olarak da tanımlanır. Sistem-1, düşünce ve kararlarımızın neredeyse tamamından sorumludur. Akıl yürüterek verdiğimiz kararlar ise günlük davranışlarımızın çok ama çok küçük bir yüzdesini teşkil eder.

6 Daniel Kahneman. (2011). Thinking Fast and Slow. Farrar, Straus and Giroux.

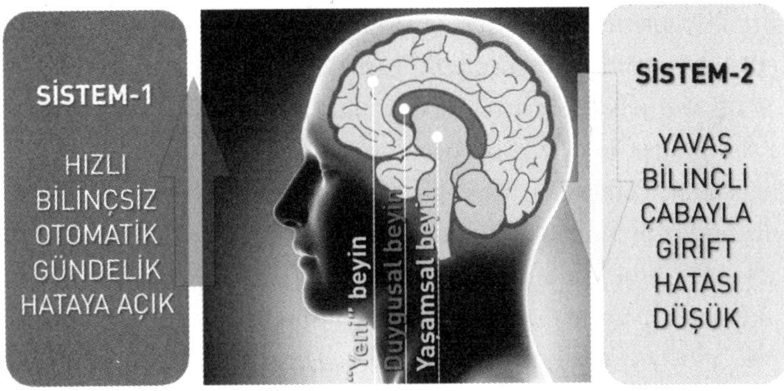

GÖRSEL 10: Beynimizde iş gören ana karar sistemleri.

Dolayısıyla atalarımızı bu kadar hareketli yapan şeyler, muhtemelen yaşamsal ve duygusal motivasyonlardır. Dediğim gibi, duygusal olarak bir ödül yahut geçim beklentisi ile spor yapmıyorsanız (mesela bir sporcu yahut spor eğitmeni değilseniz yahut sağlıklı ve "fit" görünen bir bedenle karşı cinsi daha iyi etkilemek gibi bir motivasyonunuz yoksa) harekete geçmeniz zor olacaktır. Özellikle orta yaşlardan itibaren insanların hareket miktarının azalması da büyük oranda bu duygusal motivasyon kaybıyla ilişkilidir. İşte belirli bir motivasyon kaynağımız olmadan spor salonlarında saatlerce çırpınmak, bir süre sonra yine bu nedenlerle sıkıcı ve sürdürülemez bir hale gelecektir.

Neticede görüyoruz ki modern şehir insanlarının fiziksel hareketi sürdürülebilir şekilde hayatına yerleştirmesi, ancak temel bir duygusal neden veya nedenler dizisinin varlığı ile mümkündür. Bence en iyi başlangıç, hareketin "temel ayarlarımız" arasında yer aldığını ve onsuz perişan olacağımızı kendimize sıklıkla hatırlatmaktır. Bunun devamında, ileride yine bahsedeceğim ve *Değişen Be(y)nim* başlıklı kitabımda detaylı olarak ele aldığım "Akış" haline girmenin yollarını aramak önemlidir.

Akış hali; yaptığınız işi sizi içine çeken, zamanı ve kendinizi unutturan yüksek tatminle dolu bir uğraşa çevirir. Bu hal de yine temel duygusal motivasyonlara sıkı sıkıya bağlıdır. Bedensel hareketi ve egzersizi hayatta kalmayla yahut yaratıcı işlerle bağlantılı aktivitelerle birleştirdiğimiz takdirde, bedensel hareket bizim için çok daha doyurucu nitelik kazanacaktır. Mesela sabah ya da akşam yürüyüşleri yaparken cep telefonunuzla veya kameranızla fotoğraflar çekmeye başlamak yahut tabiattan ilginç örnekler toplayarak koleksiyon yapmak gibi meşgalelerle birleştirebildiğimiz takdirde bu bedensel hareketler bizim için çok daha anlamlı ve sürdürülebilir olacaktır. Yürürken aynı zamanda kulaklığınızı takıp sesli kitapları ya da ilham veren konuşma kayıtlarını dinlemek, yürüyüş faaliyetinizi salt bir bedensel hareket mecburiyeti havasından çıkaracak, bir fırsat haline getirecektir. Hatta bu işi severseniz aile veya iş toplantılarını dahi yürüyerek yapabilirsiniz!

İNSAN TÜRÜNE UYGUN HAREKET TARZI NASIL BİR ŞEY?

Hepimiz farklı boya, kiloya, kemik ve hormon yapısına sahibiz. Dolayısıyla yapacağımız egzersiz planlarının da bu kişisel farklılıklarımıza göre temellendirilmesi gerektiği kesindir. Ancak temel egzersiz ayarlarımızla ilgili bazı ortak özelliklerimiz de var ki biz burada bunları inceleyeceğiz.

Özellikle orta yaştan sonra jogging denen sürekli koşma tarzı egzersizlerin tercih edilmesinin çok akıllıca bir seçim olmadığı aşikar. Çünkü insan türü hiçbir döneminde bu kadar uzun mesafeleri uzun süreyle sabit hızla ve amaçsızca koşmak için evrilmemiştir. Avcı-toplayıcı gruplarda özellikle avlanmak için yapılan uzun sebat koşuları ise ancak belli fiziksel yapıdaki antrenmanlı bireylerin (genelde avcıların) yapabileceği istisnai bir faaliyetti. Günümüzde bu tip insanların örneği, mesela maraton koşucularıdır.

Eski dönemlerdeki günlük yaşamın genel ritmi bolca yürüme, tırmanma, eğilip kalkma, çömelme (squad), yük taşıma gibi işlevlerden oluşuyordu. Haliyle bütün hareket sistemimiz; kas, eklem ve kemiklerimiz de böyle bir yaşam tarzına en uygun adaptasyonlarla doldu. Ancak günümüzde bu hareketleri hayatımızın doğal akışı içinde yapamadığımız için hareket etme ihtiyacımızı "spor salonu" gibi yapay ortamlarda gidermeye yöneldik. Halbuki koşu bandı veya pistlerde sürekli koşmak, bedenle pek de uyumlu olmayan, zorlayıcı bir faaliyettir. Burada en fazla zararı da aslında iyiliği, sağlığı için uğraştığımız eklem ve kemik sistemimiz görür. Bilhassa kalça eklemlerimiz, diz eklemlerimiz, bu yapay ortamlardaki uzun süreli koşma sürecinde yere vurma basıncından kaynaklanan ağırlıkları kaldırmaya uygun bir yapıda değildir. Daha kısa deparlar şeklindeki koşular fizyolojimize oldukça uygun görünürken; sürekli, uzun mesafeli ve sabit koşular insan bedenini bir hayli yorar.

Şimdi aklınıza "Zaten hareket edemediğimiz için sağlığımız bozuluyor ve hareket etmeye çalıştığımızda yine farkında olmadan sağlığımızı bozabiliyormuşuz. O zaman biz ne yapacağız?" sorusu gelebilir, haklısınız. Elimizdeki verilere göre fizyolojimizle uyumlu olan, zarar yerine yarar sağlayacak bir hareket yöntemi mevcut: Bu yöntem, kısa ve zorlamalı deparlar ile aralarda hafif egzersiz bölümleri yahut dinlenmeler şeklinde yapılan "**yüksek yoğunluklu ve aralıklı egzersiz** (High Intensity Intermittent Training – HIIT) olarak biliniyor. Bu egzersiz türü, son yıllarda üzerinde yapılan çeşitli araştırmalarla daha da gözde hale geldi. Söz konusu egzersizlerin planı ise şöyle: 4 ila 6 dakika arasında azamî hareket ve güç kullanılarak yapılan yoğun egzersiz etaplarının arasında yaklaşık 4 dakikalık dinlenme yahut hafif yürüyüş gibi kişiyi zorlamayan hafif egzersiz aralıkları veriliyor. Yarım saat kadar yapılan bu tarz bir egzersizin, günlük yahut gün aşırı olarak tekrarlanması durumlarında hem kalp-damar sisteminin sağlığını olumlu yönde etkilediği hem de yağ yakışını diğer egzersiz tiplerine göre çok daha etkin bir biçimde sağladığı gösterilmiş durumda.[7] Yani saatlerce sabit hızda koşu yapmaktansa bu tip deparlı egzersizler bedenimize daha çok fayda sağlıyor gibi görünüyor. Bu tipteki egzersizlerin tarih öncesi insanların doğadaki günlük faaliyetlerine ne kadar benzeyebileceğini bir düşünelim!

Rutin, sıkıcı, saatli ve sadece "spor olsun" diye yapılan fiziksel hareket rutinlerinin çok yeni bir davranış biçimi olduğu ortada. Daha uzak atalarımız ise ancak günlük işler, avlanma, besin-eşya taşıma, yaşama alanını düzenleme, stok yapma, fiziksel hazırlıklar ve kişisel bakım gibi nedenlerle hareket etmek zorundaydılar.

7 J Obes. 2011: 868305. doi: 10.1155/2011/868305

Bu tip hareketler çoğu zaman yavaş ve zorlamasız beden hareketlerini içeriyordu. Ancak av kovalama, avlanan yahut toplanan besinleri bir yerden bir yere taşıma, etrafı yaşam alanı olarak düzenleme gibi işlerle de bedenlerini zorlayacak ve nabızlarını hızlandıracak hareket düzeylerine ulaşıyor olmalıydılar. Böylece hayatımızı iyileştirecek planın aslında sürekli hareket etmek yahut spor yapmakla değil de aralıklı, zorlamalı, bolca dinlenmeler içeren ve belirli zamanlara sabitlenmemiş bir hareket tarzı geliştirmekle uygulanabileceği ortaya çıkıyor. İlerleyen kısımlarda bu durumla ilgili olarak bedenimizin ve beynimizin neden "düzensiz ve beklenmeyen" davranışları "düzenli ve yeknesak" davranışlara göre daha çok benimseyebildiği üzerine konuşacağız. Onun için şimdi bu kadarıyla iktifa ediyoruz.

Diğer yandan çocukların erken dönemlerindeki fiziksel hareketleri nasıl yaptıklarına, içgüdüsel olarak nasıl davrandıklarına bakmak da bu açıdan öğretici olacaktır. Çünkü bildiğiniz gibi çocuklar hiçbir zaman biteviye koşmazlar yahut sürekli oturmazlar. Arada bol bol dinlenme dönemleri içeren, özellikle çılgınca aktivitelerle ve hızlı bedensel hareketlerle bölünen bir fiziksel oyun döngüleri vardır. Özellikle erkek çocukların çoğunda bu durumu açık olarak gözlemlemek mümkündür.

Herhangi bir egzersize başlamadan ve hayatınızın egzersiz rutinini değiştirmeden önce bu konuda uzman eğitmen veya kişilerden alacağınız bilgi ve tavsiyeler çok önemlidir. Lütfen sizi şahsen tanıyıp bilmeyen, beden ve yaşam alışkanlıklarınıza aşina olmayan kişilerce yapılan tavsiyeleri doğrudan uygulamayın. Bireysel özelliklerinize göre tasarlanmış, sizin ihtiyaçlarınıza yönelik egzersiz programlarını uygulayın. Buradaki bilgiler, bedenimiz ve hareket sistemimize ilişkin genelgeçer ve temel bilgilerdir; kişisel hareket düzeyimiz ve ihtiyacımız büyük değişiklikler gösterir. Eğer özel bir uzmana erişiminiz yoksa burada anlatılan prensipler çerçevesinde küçük denemelerle kendinizi izleyip değerlendirerek ilerlemeniz en doğru başlangıç olacaktır. Elbette ki giriş bölümünde belirttiğim "sıfırıncı fabrika ayarı"nı da aklımızın bir köşesinde tutmak, özellikle egzersiz için çok önemlidir. "Kaosu unutmayın!"

KADIN VE ERKEK BEDENİNDEKİ HAREKET FARKLARI

Erkek ve kadınların karşılaştırılması söz konusu olduğunda, farklılıkları açıklamaya yönelik çabalar diğer konulara göre biraz daha fazla tepki çekmeye eğilimlidir. Zira modern sosyal yapılarımızın birçoğu ağırlıklı olarak kadın ve erkeğin temelde eşit olduğu gibi temelsiz ve gerçeklerden kopuk bir varsayıma, daha doğrusu temenniye dayanır. Bu temenni çoğumuza o kadar gerçek gelir ki tüm canlılar âleminde biyolojik kanun mesabesindeki bazı erkek-dişi farklılıklarının neredeyse aynıyla insan için de geçerli olduğunu anlatmaya başladığınızda tepkiler yükselmekte gecikmez. Gerçi benim beyin anlatmaya başladığım ilk yıllardaki gözlemlerime kıyasla mesela Türkiye'de bu konuda hatırı sayılır bir farkındalık oluştu. Öte yandan benzer bir damar yine varlığını etkili bir biçimde sürdürüyor, o ayrı. Ancak şu bir gerçek ki, aynen etçil, otçul, vejetaryen, vegan meselelerinde olduğu gibi bilgiden çok varsayımlarla hareket etmeyi seviyoruz. Zaten aslına bakarsanız bu da ayarlarımızın bir parçası. Neyse, konumuza yani biyolojik olarak kadın ve erkek beden farklılıklarının günlük hareket ihtiyacına nasıl yansıdığına dönelim şimdi...

Erkek bedeni genel olarak (istisnalar olmakla birlikte) anne karnından itibaren kadınlara göre çok daha yüksek oranda testosteron hormonuna maruz kalır. Zira annede az miktarda salgılanan böbrek üstü bezi kaynaklı testosteron ve diğer cinsiyet hormonlarına ilave olarak, anne karnında gelişen erkek bebeklerin testislerindeki hormon hücreleri de özellikle hamileliğin üçüncü ayından itibaren testosteron salgılamaya başlar. Anne karnındaki bu yüksek testosteron hem cinsiyet karakterlerinin oluşmasına yardımcı olur hem de beyin devrelerini farklılaştırır. Bunlarla birlikte, doğum sırasında ölçülen testosteron seviyelerinin bebeklerin ilerideki davranışlarında etkili olduğunu da biliyoruz. Mesela doğumda fazlaca yüksek testosteron seviyelerinde oldukları ölçülen erkek bebekler, çoğunlukla yaşıtlarından biraz daha geç konuşmaya başlar. Kız çocuklarında görülen benzer konuşma problemlerininse tam tersine, doğum anındaki testosteronun düşük seviyelerde olmasıyla ilişkili olduğu düşünülüyor.[8] Bu örneklerden de anlaşılacağı üzere, testosteron hormonu gelişimimiz ve davranışlarımız üzerinde oldukça belirleyici etkilere sahip hormonlardan birisidir.

Testosteronun bedendeki esas görünür etkisi, kaslanma ve yağ dağılımı ile ilgilidir. Erkeklerde normalde daha yüksek olan testosteron ve daha düşük olan östrojen hormonları, beden yağlarının daha ziyade göbek tarafında ve vücudun üst kısımlarında depolanması sonucunu doğurur. Kadınlarda ise genelde yüksek östrojen ve nispeten düşük testosteron nedeniyle yağlar, kalça, basen, bacak ve meme bölgelerinde toplanır. Bu dağılım farkının yanında, kas dokusu yoğunluğu da düşük testosterona bağlı olarak kadınlarda daha azdır. Ergenlik döneminin başlangıcından itibaren kadın ve erkeklerin ses tonlarında gördüğümüz belirgin farklılıklar da yine bu etkiyle ilgilidir: Erkeklerde testosteronun etkisiyle kalınlaşan ve büyüyen gırtlak kasları, sesin kalınlaşmasına ve boğuklaşmasına neden olur.

Yine evrimsel ve antropolojik bakış açısıyla "Neden böyle bir yağ ve kas dağılımı seçilmiş olabilir?" sorusuyla geriye baktığımızda, bazı tahminler yürütebiliriz. Antik insanlar ve insanların daha uzak atalarının kas ve yağ dokuları fosil bırakmadığı için bu konuda doğrudan bir gözlem yapma şansımız pek yoktur. Fakat bulunan çok sayıda kemiği dikkatlice inceleyerek hem kemiklerin fiziksel yapılarına dair parametrelerden hem de kemiklerin üzerindeki kas tutunma bölgelerinin genişliklerinden kas dokusu dağılımı ile ilgili derin bilgiler edinebiliyoruz. Zira kaslar kemiklere tendon dediğimiz çok kuvvetli bağ doku şeritleri ile tutunur ve bu tutunma bölgeleri fosil kemikler üzerinde milyonlarca yıl sonra bile rahatça görülebilecek izler oluşturur. Örneğin insanın yakın atalarından olan Homo erectus gibi türlerin çok güçlü ve kalın çiğneme kasları olduğunu, bulunan çene kemiklerinin büyüklüğünden ve masseter gibi (dişlerinizi sıkınca yanaklarınızın arka bölümünü sertleştiren) çiğneme kaslarının alt ve üst çene kemiklerine tutunma yerlerini inceleyerek açıkça görebiliyoruz.

8 https://doi.org/10.1016/j.psyneuen.2016.03.001

Kas ve yağ dokusu farkları, milyonlarca yıl içerisinde belli görevlerde özelleşmiş beden yapılarının açık bir yansımasıdır. Bedenin üst kısmında yoğunlaşmış yağ dokusu ve kuvvetli kaslar; testosteron hormonunun da etkisiyle yük taşıma, koşma, uzun deparlar halinde fiziksel hareketlerde bulunma ve bedenle (taş, mızrak gibi nesneleri) fırlatma amaçlı bir kullanıma daha uygundur. Kadın bedenindeki geniş kalça kemiği, yağların alt bölgede depolanması, nispeten düşük kas ve yüksek yağ miktarı da özellikle doğurganlık ve bebeği besleme faaliyetleri için görülen adaptasyonlardır. Ayrıca bu yapı uzun süre ağır yük taşıma, sebat koşuları, ağır fiziksel faaliyetler için de çok uygun değildir. Dik duran tek primat türü olarak insanın leğen kemiğinin, ayakta durma ve yürüme dinamikleri açısından dar olması gerekir. Fakat doğum sırasında bebeğin büyük kafasının geçebileceği bir açıklığın da bırakılması şarttır. Bu nedenle kadın leğen kemikleri, bu iki zıt koşul arasında tam bir denge noktasındadır.

"PREMATÜRE" İNSAN

Hem dik yürüyebilen hem de çocuk doğurabilen bir tür olabilmek için bulunan dahiyane çözüm, bebeklerin oldukça "erken" dünyaya getirilmesidir. O nedenle insan bebekleri aslında erken doğarak beyin gelişimlerinin önemli bir kısmını dışarıdaki bakım altında tamamlar. Yine bebeklerin beslenmesi için hayatî öneme sahip olan anne sütünün yapılması ve salgılanması için de anne bedeni sayısız uyarlanmadan geçmiştir. Özellikle bedende biriktirilen bolca yağ dokusu, doğum sonrası ilk birkaç yılda adeta bir kalori canavarı olan insan bebeğinin beslenmesi için çok önemli bir depo oluşturur. Yeni doğan bir bebeğin üç yaşına kadar harcadığı enerjinin neredeyse yüzde 60 kadarı ise beyin tarafından tüketilir.

Özetle zikrettiğimiz bu farklılıklara kuş bakışı bakınca, spor salonlarında kadınların neden daha çok pilates stüdyolarını, erkeklerinse daha ziyade ağırlık ve hacim artırıcı sert egzersizleri tercih ettiğini anlamak kolaylaşır. Erkeklerin egzersizde (genel olarak) yöneldiği doğrultu, hacim ve güç artırmaya yöneliktir. Bu basit dürtüsel davranış büyük oranda testosteron gibi erkek bedeninin tüm gelişimini belirleyen hormonların beyin ve davranışlarımız üzerindeki ortak etkisinden kaynaklanır. Güncel hayatta bu hormonun risk alma ve daha çabuk öfkelenme gibi etkilerine de zaten hepimiz aşinayızdır.

Kadınların egzersiz amaçları ise daha ziyade "iyi görünmek ve formda kalmak" merkezindedir. Elbette dünya vücut geliştirme müsabakalarında karnı baklavalı, kol ve bacak kasları erkeklere taş çıkartacak kadar irileşmiş kadın sporcuları da görmek mümkün. Zira uygun beslenme ve zorlama ile kadınlarda da dikkate değer miktarda kas artışı olabiliyor. Fakat bu artış, eğer dışarıdan testosteron almak gibi pek de akıllıca olmayan biyolojik "kırbaçlamalar" olmazsa, genellikle erkeklerin ortalama düzeyde sağlayabileceği kas artışının yanında oldukça küçük kalır.

Kadın ve erkek arasındaki fiziksel farklılıklar, bizzat cinsiyetten ziyade gelişim süreçleri ve beden bileşimi ile ilgilidir. Bahsettiğim gibi, kadınlarda kas kitlesinin (bedenin üst kısımlarında neredeyse yarı yarıya, alt bölümlerde ise üçte iki oranında) daha az olması, erkeklerle aralarındaki güç farkının temel nedenidir. Ayrıca testosteron hormonu kandaki kırmızı kan hücrelerinin miktarını biraz daha artırdığı için, erkeklerde "hematokrit" denen kandaki hücrelerin sıvı kısma oranı biraz daha yüksek olur. Bu durum erkeklerde kanın oksijen taşıma kapasitesinin kadınlara göre daha yüksek olmasını sağlar. Diğer yandan, beden büyüklükleri arasındaki ortalama fark ile kas kitlesinin dağılım farkı gibi nedenlerden dolayı erkeklerde ortalama kalp büyüklüğü kadınlara göre biraz daha fazladır. Bu da erkek kalbinde bir dakikada pompalanan kan miktarının kadınlara oranla daha fazla olması sonucunu doğurur. Yağ dağılımı; erkeklerde genelde bedenin üst kısmında ve iç organlarda görülürken, kadınlarda ise bedenin alt bölümlerinde ve deri altında yoğunlaşır. Ayrıca kadınların erkeklere göre daha az kas ve neredeyse iki kat daha fazla yağ oranına sahip olması, kadınlarda metabolik sağlığın erkeklere göre açık ara avantajlı olmasını sağlar. Yapılan çalışmalar; kadınların açlık kan şekerlerinin daha düşük olduğunu, dokuların kandan glikoz alma yeteneğinin kadınlarda daha yüksek olduğunu ve bu gibi nedenlerle kadın metabolizmasının erkeklere göre sağlık açısından daha avantajlı bir durumda olduğunu gösteriyor.[9]

Hem kadın hem de erkeklerde kas metabolizmasının ve insülin hormonunun etkisi, "kadınlık hormonu" olarak bildiğimiz östrojen hormonunun etkisi altında düzenlenir. Ancak sadece kadınlarda değil, erkeklerde de tekrarlı antrenmanlar sonucunda kaslardaki östrojen hormonu algılayıcı reseptörlerin sayısında artış olur. Bu da genel beklentilerimizin aksine, kas dokusunun gelişiminin ve metabolizmasının testosterona değil, östrojene daha çok bağlı olduğunu gösterir. Burada detaylarla sizi sıkmayayım ama "kadınların erkeklerden daha uzun yaşadığı" şeklinde yaygın olarak bildiğimiz inancın temeli bu tip gerçeklere dayanır. Hakikaten de kadın metabolizması avantajlı durumdadır! Özellikle hareket açısından kadınlar, erkeklere göre çok daha geniş bir aralığa daha rahat uyum sağlayabilecek bir metabolik ön hazırlıkla dünyaya gelirler.

Bu arada yeri gelmişken, erkekler gibi spor yapmayı seven hanımlara da minik bir hatırlatma yapalım: Kadın bedeninde "ağır ve aşırı" egzersizin sonucunda artan kas kitlesi, doğal bir geri bildirim sistemi nedeniyle testosteron miktarını artırır. Uzun süre bu tip egzersizlerle uğraşan kadınlarda birçok bedensel ve davranışsal "yan etki" ortaya çıkabilir. Artan testosterona bağlı olarak yüzde erkeksi özelliklerin oluşması, saç dökülmesi ve bedende kıllanmaların olması en yaygın etkiler arasında görülebilir. Tabii âdet döngülerindeki düzensizlikler ve doğurganlık işlevlerindeki azalmayla birlikte, ruh durumundaki esaslı değişiklikler de söz konusu olur. Bu konuda yapılan bilimsel çalışmalar henüz oldukça yetersiz fakat biyolojinin altın kuralını -sıklıkla yaptığım gibi- burada da hatırlatmak isterim: Hepimiz en az 3,5 milyar yıllık bir araştırma-geliştirme sürecinin ürünleriyiz ve bu Ar-Ge'nin amaçlarıyla sonuçlarını doğru dürüst anlamadan biyolojimizle girişeceğimiz her didişmeden, neticede zararla ve yenilgiyle çıkacağız. Emin olun ki ayarlara dikkat etmek her zaman en iyisidir!

9 https://www.frontiersin.org/articles/10.3389/fendo.2014.00195/full

Sözün özü: Erkek ve kadının beden yapılarındaki farklılıklar nedeniyle, günlük hareket tip ve miktarları da farklılık gösterir. Erkeklerin daha ziyade dayanıklılık tipi egzersizleri tercih etmeleri ve kadınların da daha çok germe-güçlenme egzersizlerine devam etmeleri yerinde olabilir. Tabii cinsiyet ve yaşımız ne olursa olsun günde birkaç kilometre yürüyüş yapmayı da ihmal etmemeliyiz. Bu alışkanlık sizde bir kez oturursa zaten başka bir egzersize de fazla ihtiyaç duymazsınız. Elbette ki "bedeninizi arada bir şaşırtmayı" unutmadan...

EGZERSİZ VE BAĞIŞIKLIK SİSTEMİ

Daha önceki bahislerde "İnsan bedeni hareket için tasarlanmıştır." şeklinde bir genelleme yapmıştık. Fakat insanın normal hareket tarzı içerisinde, sürekli tüketici düzeyde fiziksel aktivite göstermenin, kan ter içinde kalıncaya kadar spor yapmanın, fizyolojide "maksimum egzersiz" dediğimiz koşullarda sürekli olarak bedeni zorlamanın makul olmadığını da belirtmiştik. Artık uzun süren ağır egzersizlerin bedene faydasından çok zararı olduğunu biliyoruz. Dolayısıyla yaptığımız egzersizlerin ağırlığına dikkat etmemiz ve bu konuda bir düzenlemeye gitmemiz gerektiği konusunda eminim hepimiz hemfikiriz. Buna göre mesela fiziksel egzersizin genellikle bağışıklık sistemini güçlendirdiğini ve hastalıklara karşı direncimizi artırdığını bilmemizle beraber, onun da bir derecesi olduğunu unutmamamız gerekir.

Uzun süre hareketsiz kalma üzerine gelişen bir yaşam tarzı, bize verdiği birçok zararın yanında bağışıklık sistemimizi de güçten düşürür. Hareketsiz kaldığımız sürece hastalıklara yakalanma riskimiz artar ve bedenimizdeki biyokimyasal atıklar kolayca temizlenemez. Egzersiz yapmaya başladığımızdaysa bunun ilk ve en hızlı etkilerinin görüldüğü yerlerden birisi bağışıklık sistemimizin verdiği cevaplardır. Egzersizlerimiz yoğunlaştıkça, bağışıklık sistemimizin güçlenmesi artar. Fakat burada çok önemli bir nokta vardır: Sınırları iyice zorlayıp da "maksimum egzersiz" durumuna yaklaştığımızda bağışıklık sistemimizin gücü tekrar düşmeye başlar. Çünkü bağışıklık sistemimiz, vücutta mikroplarla ve bozuk hücrelerle mücadele etmek için çokça enerjiye ihtiyaç duyan bir sistemdir. Egzersizin aşırısı ise vücuttan çok fazla enerji çekerek vücudun enerji dengelerini bozar. Böylece aşırı yoğun egzersizler, vücutta bağışıklık sisteminin enerji hakkından da çalmaya başlar. Onun için yoğun egzersizlerden bir süre sonra bağışıklık sistemimizin baskılanmaya başladığını görürüz. Bağışıklık sisteminin gücü, hareketsizlikten azamî zorlamaya kadar olan bir skalada ters U biçimli bir eğri gösterir.

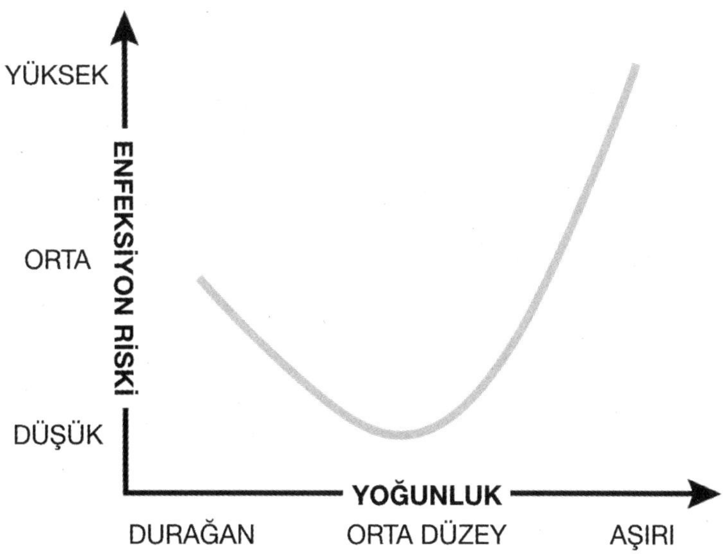

GÖRSEL 11: Egzersiz yoğunluğu ile bağışıklık sistemi işlevi arasındaki ilişki.

Bununla ilgili sorunları; özellikle vücut geliştirme, halter gibi ağır sporlarla uğraşanlar, müsabakaların öncesinde yaygın olarak yaşarlar. Çok ağır yükler kaldırarak yapılan antrenmanlardan sonra soğuk algınlığı, grip gibi hastalıklara yakalanmak gittikçe daha olası hale gelir ve bu hareket tarzındaki insanlar, müsabakaların öncesinde sık sık hastalanabilir. O nedenle "ne kadar egzersiz o kadar sağlık" denklemini bir de bu açıdan düşünmek lazım!

Peki, orta düzey egzersiz nasıl bir şeydir? Günlük yürüyüşler, bağ-bahçe işleri, orta düzeyli ağırlık kaldırışlar ve esneme çalışmaları bu konuda en verimli egzersiz örnekleridir. Burada ve tüm kitabımda hazır formüllere dayalı listeler vermekten özellikle uzak duruyorum çünkü en iyi egzersiz, kişilerin kendilerini dinleyerek ve zaman içinde bedenleri hakkında deneyim edinerek keşfedecekleri egzersiz tipleridir. Zira hareket ihtiyacımız ortaktır ama beden terkiplerimiz benzersizdir...

KAOTİK VE İZOMETRİK EGZERSİZLER NEDEN DAHA İYİ?

Belki bilenleriniz vardır ama kaotik ve izometrik egzersiz tanımlarını ilk kez duyanlarınız da olabilir. İzometrik kasılma, kasların gerginliğinin arttığı ama boyunun değişmediği bir kasılma tipidir. Mesela evinizdeki duvarı ellerinizle itmeye başladığınızda kaslarınız kasılır, bir süre devam ederseniz belki ter içinde kalırsınız ama duvar ve dolayısıyla onu iten kaslarınız gerçek anlamda hareket etmez. Yani kaslarınızın boyu değişmez. Iso=aynı, metrik=boy kelimelerinden türetilmiş izometrik kasılmalar yoga, pilates, planking ve elbette ki binicilik gibi birçok egzersizde sıklıkla karşımıza çıkar. Ayrıca germe/esneme tarzı idmanlar da genelde bu tip izometrik hareketlere dayanır. Herhangi bir şekilde hareket yahut yükün yer değiştirmesine neden olan (halter yahut çanta kaldırmak gibi) kas hareketleri ise bundan farklıdır ve "izotonik" (iso: aynı; tonus: gerginlik) hareket olarak adlandırılır. Günlük bilinçli hareketlerimizin çoğu bize "izotonik" gibi gelir zira yürür, yer değiştirir, bir şeyleri bir yerlerden başka bir yerlere taşırız. Fakat bütün gün dik durmamızı, kafamızı dik tutmamızı sağlayan kaslarımız, gün boyunca büyük oranda izometrik kasılmalarla kasılı durarak bu işlevlerini yerine getirirler. Son olarak, "kaotik" dediğimde ise artık "periyodik olmayan, belli bir saat veya rutine dayanmayan, tekrarlı kesin sayılar ve ritimlerle yapılmayan" anlamını kastettiğimiz sanırım fark ediyorsunuz.

Peki, sizce insan bedenleri genel olarak nasıl bir hareket ritmini ister? Aslında daha önce de kısaca ifade ettiğim gibi, bedenlerimiz kişisel özelliklerimize bağlı birçok farklılığa rağmen, bazı özel hareketlerden benzer şekilde daha yoğun fayda sağlayabiliyor. Bu tip hareketlerin ortak özelliklerini ise şöyle sıralayabiliriz:

1. Dinlenmeler: Özellikle zihinsel açıdan keyifli zamanlarla bölünmüş egzersizler çok daha faydalıdır ve genel sağlığımıza daha olumlu etkiler yapar.

2. Sert deparlar ve yoğun kas aktiviteleri: Normal tempoda yürüyüş yaparken, 100-150 metrelik bir yokuşu hızla koşarak çıktığınızı düşünün. Yokuşun tepesinde belki de normalin iki katına çıkmış olan nabzınız ve nefesiniz, normal seviyelere inene kadar bekleyin. Bu sırada isterseniz durup manzaranın keyfini de sürebilirsiniz. Bunu hayatınıza oturttuğunuz zaman, böyle fasılalı ve deparlı faaliyetlerin size çok iyi geldiğini fark edeceksiniz. (Tabii bu tavsiyeleri yaş ve sağlık durumunuza göre ayarlamayı unutmayın...)

3. Dört-beş dakikalık yoğun faaliyetler ve dinlenmeler.

4. Kaotik, periyodik olmayan, beklenmedik hareketler: Tabiatta en fazla yaptığımız tipte hareketler bunlar olduğundan olsa gerek, düzenli ve tekrarlı hareketlere göre bize çok daha iyi geliyorlar. Mesela bu tarz bir şey yapmak isterseniz, durup dururken ağırca bir şeyleri belli bir mesafeye taşıyabilir ya da bunu beğenmezseniz hızla koşarak elim sende oynayabilirsiniz!

5. İzometrik kasılmalar: Kasların kasılıp sabit kaldığı "beyhude" kasılmalar da bedenimizin çok sevdiği hareketler arasında. Onun için burayı biraz daha geniş ele alabiliriz.

Kalp-damar cerrahisi uzmanı olan eski bir öğrencim, Dr. Sencer Akdeniz, uzmanlık eğitiminin ilk yıllarında katıldığı bir cerrahlar kongresinde, kalp-damar sağlığı için en iyi sporun ata binmek olduğuna dair bir bildiri sunulduğundan bahsetmişti. Böyle bir iddiayı ilk duyduğumuzda, kulağımıza muhtemelen tuhaf gelecektir. Çünkü egzersizi yapan aslında atın kendisi ve insan ise sadece onun üzerinde oturuyor gibi görünüyor. Fakat eğer hayatınızda en az bir kez ata binmeyi denediyseniz, o işin hiç de kolay olmadığını bilirsiniz. İlk denemenizden sonra bedeninizde varlığını bile bilmediğiniz kaslar günlerce ağrır.[10]

10 "Hamlama" diye de tabir edilen egzersiz sonrası kas ağrılarının genel sebebi, antrenmansız kasların âni zorlanma durumlarında enerji kaynağı olarak hızlı glikoz parçalanmasına dayanan bir enerji elde etme yolu kullanması ve bunun

Bu tecrübeyi yaşarsanız siz de ata binmenin gerektirdiği hareket örüntüsünün, günlük hayatımızda pek kullanmadığımız kasları, neredeyse hiç kullanmadığımız derecede çalışmaya zorladığını görürsünüz. Ata binmedeki başarınız, altınızdaki yüzlerce kiloluk hayvanın hareketleri ile eşgüdüm sağlayabilmenize ve aynı zamanda dengenizi korumanıza bağlıdır. Neticede atlar çok güçlü ve hareketli hayvanlardır; hareketleri ise oldukça kaotik ve öngörülemez özellikler sergiler. Bu nedenle binicilik hem zihinsel dikkatin hem de bedensel kıvraklığın üst düzeyde olması gereken bir faaliyettir.

Anlaşılıyor ki aslında ata binmek bir hayvanın üzerinde oturmaktan çok, o hayvanın hareketleriyle kendi bedensel hareketlerimizi uyumlu hale getirebilme becerisini öğrenmeyi gerektiriyor. Bu da aslında başlangıçta oldukça zor bir süreç. Ama önemli olan şu ki atın üzerinde dengede durabilmek ve özellikle atın farklı gidiş hızlarına adapte olabilmek için izometrik kasılma dediğimiz bir kas kasılma tipini vücudumuzun birçok kasında bu sayede gerçekleştirebiliyoruz.

Sonuç olarak ata binmek gibi doğamıza ve dolayısıyla fabrika ayarlarımıza uygun egzersizler yapmak, kaslarımızın sürekli kasılıp gevşemediği, belli bir süre kasılı kaldığı bir zemin oluşturuyor. Bu şekilde vücudumuzun ağır bir yükle karşılaştığı ama sonra dinlenmeye geçtiği tarzda egzersizler diğer egzersiz yöntemlerine kıyasla sağlığımıza daha iyi geliyor...

ATASAL EGZERSİZLER

Doğrudan hayal etmek zor olabilir ama isterseniz bir düşünelim: Acaba yüz bin sene öncesinde yaşayan bir insan, günlük aktivitesinde neler yapıyordu? Zorlu koşullar içinde hayatta kalmayı nasıl başarıyordu?

---

biyokimyasal sonucu olarak kasın içinde bol miktarda laktik asit birikmesine dayanır. Laktik asit birikimi kan dolaşımıyla karaciğere taşınıp da orada etkisizleştirilene kadar, birkaç gün boyunca kaslarınızdaki o "hamlık ağrısını" yaşayabilirsiniz. Sürekli çalışan kaslarda böyle bir durum gözlemlenmez zira onlar uzun süre boyunca enerji elde edebilecek "yavaş glikoz parçalama" sistemini başarıyla kullanmayı öğrenirler.

Aslında bunu anlamak için elimizde bize yardımcı olabilecek bazı yardımcı veri kaynaklarımız var. Mesela günümüzde teknolojiden uzak köylerde yaşayan insanlara bakarsak, orada bu konuyla ilintili bir yaşam döngüsü olduğunu görebiliriz. Bu insanlar engebeli alanlarda bol bol geziyor; kayalara, dağlara, ağaçlara tırmanıyorlar. Ağır malzeme balyalarını yahut tabiattan topladıkları ürünlerden oluşan ağır yükleri belli bir mesafeye taşıyorlar. Ama aralarda bol miktarda dinlenme molaları da oluyor ve bunlar gün içerisinde hep aynı saatlerde, aynı sürelerde yapılan işler değil. Vücudu beklenmedik zamanlarda zorlayan, farklı aktivitelerde bulunuyorlar.

Evet, insan vücuduna iyi gelen aktivite tipinin de tam böyle olduğundan bahsetmiştik! Bu insanlar kompleks ve periyodik olmayan; ara ara fiziksel güç gerektiren ama sürekli akışkan ve düşük düzeyde hareket içeren bir egzersiz tipini doğal olarak uyguluyorlar. Ata binmenin meşhur edilmesinin altında yatan nedeni de artık çözmüşsünüzdür. Ben nereyi ve hangi vakti bulup da ata bineceğim derseniz o zaman size şunu önerebilirim: Mesela günlük aktivitelerinize bahçe işleri yapmayı, evi derleyip toplamayı veya buna yardım etmeyi eklemeniz de bu işlevi görecektir. Dahasını isterseniz; haftada birkaç gün mahallemizdeki çöpleri gönüllü olarak toplayıp çöp kutusuna atmak gibi tamamen kendimizin üretebileceği doğal ve yaşamda kalmamızı destekleyecek işler de bulunabilir. Unutmayın ki bunlar basit gibi görünseler de aslında bedenimiz için en önemli egzersizlerdir.

RİSK, MEYDAN OKUMA VE EGZERSİZ

Birçoğumuz evde spor yapabilmek amacıyla bisiklet, kürek aleti, ağırlık yahut gergi bantları gibi fiziksel antrenman aletleri almışızdır. Ama yine birçoğumuz çok kısa bir süre sonra bunlarla idman yapmaktan sıkılmışızdır. Kendimizi pek suçlamamamız gerekir çünkü bunun nedeni açıktır: İnsanın fiziksel faaliyeti ile zihinsel/duygusal durumu, birbirinden ayrılmaz bir bütündür. Mesela, günde 20-30 km bisiklet sürmenin sağlığa iyi geldiğini biliriz fakat evinizdeki bir odada, hiçbir yere gitmeden sürekli pedal çevirerek bu hedefe ulaşmaya çabalarsanız, bir süre sonra bundan sıkılmanız ve motivasyonunuzu kaybetmeniz çok normaldir. Onun yerine bir tane gerçek bisiklet alıp, sıcak soğuk, yağmur çamur demeden kendinizi dağa bayıra vursanız, riske girseniz; işte o zaman işler büyük oranda değişecektir.

Belki herkes için böyle fiziksel bir bisiklet sürme imkânı olmayabilir ama eğer imkân varsa mutlaka deneyin derim! Evinizin bir köşesinde kuru kuruya pedal çevirerek sağlık bulmaya çalışmayı bırakıp, gerçek bir bisikleti sürüş keyfini tatmaya bakın. O zaman sağlığınıza çok daha büyük bir katkı sağlamanızın yanı sıra motivasyonunuzu da katbekat artırmış olacaksınız.

Bisiklet sürmek sizin ortamınız için pek de uygulanabilir değilse başka alternatifleri düşünün ve birazcık da risk almaya bakın! Beynimiz ve bedenimiz, ölçülü olan, öldürücü yahut tehdit edici olmayan riskleri sever. Daha önce gitmediğiniz bir yerlerde yürümekten biraz yorucu bir dağ yürüyüşüne kadar, egzersizlerimizi çeşitlendirmek mümkündür. Fiziksel egzersizin yanında böyle risklere girdiğimiz zaman, dünyayı farklı açılardan görürüz ve güzel manzaraları keşfederek onlardan mahrum kalmamış oluruz. Böylece hem zihnimize hem de bedenimize gerçekten tam bir doyum imkânı sunabiliriz.

Bütün beden sistemleri ve bütün canlılar için geçerli olan temel bir kuraldır: Bir meydan okuma, bir müşkül ile karşılaşan biyolojik yapılar, eğer o meydan okuma ve olumsuz durum öldürücü değilse buna gelişerek cevap verir. Mesela kaslarınızı zorlarsanız zamanla kaslarınız şişer ve güçlenir. Zihninizi zorlarsanız beyninizde daha fazla hücre ve bağlantılar meydana gelir. Zor ve aşındırıcı fiziksel koşullarda çalışan insanların derileri kalınlaşır. Meydan okuma ve sıkışıklık, bizde ve tüm biyolojik dünyada "gelişmeyi" tetikler. Sizin de kendi vücudunuzda şahit olabileceğiniz gibi bu durum beynimiz, kaslarımız, böbreğimiz, midemiz yani vücudumuzdaki bütün organlarımız için geçerlidir. Bununla birlikte kasları çok fazla zorlamak kaslarda hasara sebep olabileceği gibi zihnimizi doğal olmayan yönlerde çok fazla zorlamak da beynimize bazı hasarlar verebilir. Bu yüzden -aynen atalarımızın tabiatta kuvvetle muhtemel karşılaştıkları durumlar gibi- kendimize ara ara enteresan problemler yaratabiliriz. Mesela evimizin yakınlarında olan ama daha önce hiç gitmediğimiz bir tepeye tırmanabilir ya da daha önce yapmadığımız bir el becerisini veya sportif bir beceriyi öğrenmeye başlayabiliriz.

Hiç jonglörlük öğrenmeyi denediniz mi? Normalde birileri lobutları belli bir ahenk ve ritimle çevirme becerisini sergilediğinde onu hayran gözlerle izleriz. Ama bazen aklımıza "Bu bizim ne işimize yarayacak?" sorusu da gelebilir. Böyle şeylerin bize pek bir faydasının olmadığını, yaşamda kalma açısından insanlığın işine de pek yaramayacağını düşünme eğilimimiz olabilir. Bu nedenle çoğu insan böyle "boş işlerle" uğraşmaz. Oysa en azından bir kez olsun, birkaç topu elinize alıp senkronize şekilde çevirmeye, onları takip etmeye çalışmanızı şiddetle tavsiye ederim! Denediğiniz zaman bunun o kadar da kolay olmadığını, bu basit hareketi öğrenmek için beyninizi farklı bir açıdan epeyce harekete geçirmenizin gerektiğini fark edeceksiniz. Yapılan araştırmalar böyle basit donanımlı ama sizin için yeni egzersizleri çalıştığınız takdirde beyninizin çalışma sisteminde son derece olumlu değişimler olduğunu gösteriyor. Bunu bir denediğiniz zaman el-göz koordinasyonunuzda ciddi bir artış, konsantrasyon düzeyinizde belirgin yükselme ve diğer işlerinize yoğunlaşma becerilerinizde de o egzersizi ne kadar yaptığınıza bağlı olarak kalıcı bir biçimde iyileşme olduğunu fark edebilirsiniz. Bu tarz meydan okumalar, şaşırtıcı egzersiz programları ve beceriler, özellikle son yıllarda beynimizi geliştirmek açısından çok önemli araçlar olarak kullanılıyor. AçıkBeyin eğitimcilerinden Mahmut Talha Sağlıklı, FitBeyin egzersizleri ile katılımcılara bu tip deneyimler kazandırmayı amaçlıyor ve birlikte yaptığımız eğitimlerde, kamp programlarında bu egzersizlerin belirgin etkilerini kısa bir sürede izleyemeye başlayabiliyoruz. Kendisinin konuyla ilgili öneri ve derslerine "AçıkBeyin"[11] ve "Sağlıklı Hoca"[12] Youtube kanallarından ulaşabilirsiniz.

11 https://www.youtube.com/acikbeyin

12 https://www.youtube.com/saglikhoca

BEDEN ZİHNİ, ZİHİN BEDENİ NASIL KONTROL EDİYOR?

İnsanoğlu ağırlıklı olarak bilişsel bir canlı haline gelmiş durumda. Hayatımızın çoğu artık "kafamızda" şekilleniyor. Devamlı öğrenmek, hatırlamak, zihnimizi geliştirmek, daha iyi düşünmek gibi telaşlar çoğu zaman beden sağlığımızın önüne geçmiş gibi... (Ben de bu çarpık algıdan her an uzak durabilen birisi değilim maalesef.) Özellikle şehirde yaşayan insanlar için vücut, adeta "kafayı bir yerden bir yere taşımak için bir araç" gibi algılanır oldu. Fakat bedenin zihni, zihnin de bedeni kontrol ettiğini; ikisinin arasında karşılıklı bir ilişki olduğunu iyi biliyoruz. Ve eğer biz bunlardan birini ihmal edecek olursak diğerinin üzerindeki kontrolümüzün de elimizden kaçması söz konusu oluyor.

Zihnin bedeni nasıl kontrol ettiğini açıkça bilir ve görebiliriz. Mesela bunun nasıl gerçekleştiğini merak ediyorsanız dolaptan bir limon çıkarıp yaladığınızı düşünün. Ekşi ekşi limon damlalarını dilinizde hissettikçe ağzınız istemsiz olarak sulanır. Halbuki ortada limon falan yoktur. Ama o düşünce, fiziksel olarak tükürük bezlerinizin salgı yapılabilmesini sağlar. Korku, dehşet, erotizm yahut pornografi içeren görüntüleri izlerken bedenlerimizde meydana gelen gözle görülür değişiklikler de buna bir başka örnektir. Ortada sadece görsel ve işitsel uyaranlar olmasına rağmen, bedenimiz bunlara gerçekmiş gibi tepki verir. Aynı şekilde kötü bir hatıramız aklımıza gelince kalp atışımız hızlanır, utanç duyduğumuz bir ânı zihnimizde canlandırdığımızda yine yüzümüz kızarır. Bu tip deneyimlerle hepimiz fark ederiz ki zihnimizin bedenimiz üzerinde bir kontrol mekanizması vardır.

Peki, beden zihni nasıl kontrol eder? Bedenimiz üzerinden zihin kontrolünün nasıl gerçekleştiğine dair *Değişen Be(y)nim* adlı kitabımda detaylı bir bölüm bulabilirsiniz. Burada kısa bir özetle hatırlatayım: Mesela güneşli havalarda genellikle sinirlenmeye daha yatkın olduğumuza dair bir gözlem vardır. Fakat bir araştırmaya göre, eğer güneş gözlüklerimizi takacak olursak bu sinirlilik hali belirgin oranda azalıyor. Bunun nedenini anlamak aslında zor değil. Güneşin parlaklığından dolayı gözümüze giren ışık miktarını sınırlayabilmek için sürekli kaşlarımızı çatarız. Kaşların çatılmasını sağlayan yüz kası hareket örüntüleri ise beyne aynı zamanda olumsuz bir durum olduğu sinyalini gönderir çünkü bu tip bir yüz şekli, kızdığımız zaman da sıklıkla yüzümüze yerleşiverir. Beyindeki duygusal devreler böylece yüzden aldıkları geri bildirime bağlı olarak "savaş yahut kaç" sistemini faaliyete geçirebilecek bir duyarlılık noktasına gelir. Sonuçta beynin uyarılma düzeyinde bir artış olur ve ufak mevzularda bile insanlar daha kolay sinirlenebilir. Bu konuyla ilgili bir başka örnekte ise farklı beden duruşlarının insanların kendilerine güvenlerini etkilediği gösterilmiştir. Beden duruşunuzda iradi olarak yapacağınız değişimler ve farklı duruşlarda kısa bir süre durmak gibi uygulamalar, ruh durumunuzu ve bedeninizdeki hormonların düzeylerini etkileyebiliyor. Hatta bu tarz yöntemlerle sosyal korku gibi sorunların etkin bir biçimde tedavi edilebileceği iddiası bile mevcuttur.[13] (Detaylar için bkz. *Değişen Be(y)nim*, s. 142-145)

Okuduklarınız uç örnekler gibi gözükebilirse de aslında günlük hayatımızda bunların çok fazla karşılığı vardır. Yoga, meditasyon ve bunlarla ilgili alanların yani bedensel dinlemeye dayalı pratiklerin tamamının dünyada bu aralar oldukça moda haline gelmesi de aslında bu konuyla ilişkilidir. Çünkü aynı zamanda bütün dinî geleneklerde de derin düşünme çalışmaları, zikirler, ibadetler, mantralar gibi uygulamalarla, bedensel pratikler üzerinden zihin ve davranış değişiklikleri bolca önerilir, hatta emredilir. Bunun sebebi ise oldukça açıktır: Başta nefes alıp verişiniz olmak üzere, bedeninizdeki kasların aktivitesini bilinçli bir şekilde kontrol etme konusunda ustalaştıkça, zihninizin durumunu da kontrol altına alabilirsiniz.

Mesela her sabah yahut akşam saatlerinde yapabileceğiniz basit gerilme ve izometrik kasılma egzersizleri çok kısa bir sürede kendinizi çok iyi hissetmenizi sağlar. Çünkü yaptığınız hareketler neticesinde vücudunuzda oluşan hafif zorlanmalar ve normalde yapmadığınız hareketlere bağlı yeni uyarılmalar, beyninizde en-

13 Cuddy, Amy J.C., Caroline A. Wilmuth and Dana R. Carney. "The Benefit of Power Posing Before a High-Stakes Social Evaluation." Harvard Business School Working Paper, No. 13-027, September 2012.

dorfin, serotonin, anandamid, adrenalin, enkefalinler gibi düzenleyici, ağrı kesici, rahatlatıcı ve mutluluk verici hormonların salgılanmasını artırır. Bu da kan dolaşımımızı hızlandırarak damarlarımızdaki kanın temizlenme ve oksijenlenme miktarını yükseltir.

Kasların kasılması, kan damarlarına masaj yapar ve kalbimize giden kan miktarını arttırarak hem beynimize hem de vücudumuza daha yoğun debide ve daha iyi temizlenmiş, daha oksijenli kanın pompalanmasını sağlar. Bütün bu etkileri birleştirdiğimiz zaman, beden hareketinin zihinsel açıklığı sağlamanın en iyi yolu olduğunu açıkça fark ederiz. Görürüz ki hareket etmek bizzat beyni uyandırarak akıl yürütme ve karar alma sisteminin daha doğru ve daha verimli çalışmasını mümkün kılar.[14]

Sorunlarına çözüm bulamayan, ders çalışırken sıkılan yahut bir şekilde içi daralan, kendini depresif hisseden birçok insan çoğu zaman bilinçsizce kalkıp odasının içinde veya dışarıda yürümek için harekete geçer. Bu otomatik tepki, beyni uyandırmakla ve hareketin beynimize gönderdiği sinyaller aracılığıyla zihinsel sistemimizin daha iyi çalışmasını sağlamakla ilgilidir. Fakat bu basit bağlantıyı unuttuğumuz düzeyde de zihinsel melekelerimizde bir daralma yaşamamız kaçınılmazdır...

En kolay, en hızlı ve hatta bedava bir çözüm yöntemi olarak hemen kalkıp yürüme eylemini ben de yapıyorum ve bu bağlamda ihtiyaç duyan herkese de tavsiye ediyorum. Çünkü artık sizin de yakından bildiğiniz gibi bu vücut oturmak için tasarlanmamıştır.

ZİHİNSEL VE FİZİKSEL İNSAN

Teknoloji, özellikle de bizim yerimize kararlar almaya başlayan dijital teknoloji gelişmeye devam ettikçe, insanoğlunun zihinsel ve fiziksel eforu arasındaki farkın açılması devam ediyor. Maddî imkanlar artıp teknolojiye ulaşım kolaylaştıkça, beden hareketleri ve hayatta kalmak için yapılması gereken hareket miktarı dikkat çekici oranda azalıyor. Dolayısıyla insanların önemli bir kısmı gittikçe daha "zihinsel" varlıklar haline gelmeye başladı bile. Ger-

14 *Değişen Be(y)nim*, s. 152-155.

çek dünyada harekete geçmek, bir şeyler üretmek, hatta fark yaratıcı şeyler yapmak bile artık birkaç tuşla mümkün olabilir hale geldi. Ya da biz mi öyle zannediyoruz?

Düşünmek, zihinde tasarlamak, fikir üretmek, akıl yürütmek gibi işler insanın işlevlerinden sadece bir kısmıdır. Başta ellerimizin şekli olmak üzere, bedenimizin diğer tüm bölümleri beynimizin bu tip zihinsel işlevlerini gerçek dünyada yenilikçi çözümlere ve işlere dönüştürebilmesi için yüz binlerce yıldır büyük bir uyumun olduğunu gösteriyor.

Bir gemi inşa etme sürecini düşünelim: Gemiyi yapmak için araştırma, okuma, zihinsel tasarım ve izleme, bu işin önemli bir kısmını oluşturur. Fakat sadece bu aşamaları geçerek yüzecek ve işe yarayacak bir deniz aracını ortaya koyamayacağımız açıktır. Bundan sonra, metali, tahtayı, çiviyi ve diğer malzemeleri alıp onları birleştirmek, onların ilişki ve davranışlarını öğrenmek, fiziksel olarak birbirleriyle ilişkilerini denemek, suda yüzdürmek, farklı koşullarda tasarımları sınamak gibi birçok aşamadan geçilmesi gereklidir. Normalde bu süreçlerin tamamı, fiziksel dünyada gerçek yahut gerçeğe yakın deneysel koşullar altında, bedenen ve zihnen yürütülmesi gereken basamaklardır. İşin fiziksel kısmı görüldüğü gibi çok basamaklı ve zahmetlidir. Ama insan söz konusu olduğunda en önemli basamak, zihinde özellikle görsel olarak kurulan ilk hayaldir. Bu hayaller çoğu zaman gerçekte var olmayan ama ihtimal olarak var olabilecek yenilikçi fikirler üretmekte kullandığımız ana malzemedir. Hayaller, gerçek dünyadan bilgi ve deneyimle beslendikleri oranda hayata geçmesi ve fark yaratması mümkün tasarımlara dönüşür. Çocukların hayallerinin çoğunlukla ziyadesiyle "uçuk" olmasının ardında da benzer bir gerekçe yatar: Dünya hakkında bilgileri ve deneyimleri henüz çok azdır ve bazı şeylerin "mümkün olmadığını" bilemezler!

Oğlum Metehan, 4 yaşlarında iken çılgın bir proje ile çıkagelmişti: "O kadar keskin bir gözlük yapacağım ki, dünyadaki en yüksek tepeye çıkıp ileri doğru baktığında, dünya yuvarlak olduğu için, kendi poponu görebileceksin!" O günlerde buna çok gülmüştük. Ama birkaç yıl sonra piyasaya çıkan dijital gözlükler, tam olarak aynı yöntemle olmasa da uydudan her yeri görebilmemizi sağlayarak Metehan'ın projesinin o kadar da saçma olmadığını göstermişti.[15]

Günümüzde zihinsel beceri ve yaratıcılık kısmımız her zamanki gibi çalışmaya devam ediyor. Fakat artık bize özellikle fiziksel kısımda müthiş derecede yardımcı olan dijital teknolojilerimiz var. Mesela bir gemiyi yahut hava aracını fiziksel olarak inşa edip suda denemeden önce, tasarımlarımızın yüzüp yüzemeyeceğini, uçup uçamayacağını sayısal benzeşimler (dijital simülasyonlar) üzerinden görebiliyoruz. Dijital cihazların camdan yüzeylerinde istediğimiz sanal araçlarla, istediğimiz çizim ve tasarımları tek bir kâğıt ve bir damla mürekkep tüketmeden, istediğimiz yap-boz denemelerine imkân verecek bir özgürlükle gerçekleştirebiliyoruz. İstersek, arzu ettiğimiz büyüklük ve kalitede fiziksel çıktılar alabiliyoruz. Ve artık üç boyutlu yazıcılarda istediğimiz fiziksel nesneyi, her türlü tasarımımızı istediğimiz malzemeden üretebiliyoruz. Bu teknolojiler sayesinde daha önce hayal bile edemeyeceğimiz nice tasarımı gerçeğe dönüştürmek mümkün hale geldi. Artık ilaçları bile çoğunlukla bu tip sayısal hesaplama ve benzeşimler aracılığıyla geliştiriyoruz. Otomobil tasarımları o kocaman ve masraflı rüzgâr tünellerine sokulmuyor, sayısal rüzgâr benzeşimlerinde sayısal tasarımlarıyla (ve başarıyla) deneniyor. Böyle daha nice örneğe bakarsak, imkânların inanılmaz düzeyde arttığını ama insanın elinin ayağının da gerçek hayattan yavaş yavaş çekildiğini görüyoruz.

Peki, bunun bize ne zararı olabilir? Aslında beynimizin gelişimine bütüncül olarak bakarsak alarma geçmemiz gereken konu kendiliğinden açığa çıkar: Zihnimiz, bedenimizle eşlenik olarak gelişir. Yani bedensel hareket açısından ne kadar efor sarf ediyorsak, o hareket aşamaları için paralel olarak zihinsel açıdan da efor sarf ederek beynimizi devreye sokmuş ve dolayısıyla da forma sokmuş oluruz. İşte bu sebeple küçük çocukların dijital cihazlarla çok

15 Bu kadar uçuk hayaller kurabilen çocuklarımızın birçoğu maalesef sonradan, mümkün olan birçok şeyi de "imkânsız" olarak öğretecek başarılı(!) bir eğitim sisteminden ve muhtelif sosyal cenderelerden geçerek, standart ve sıkıcı yetişkinlere dönüşürler.

erken yaşlarda karşılaşmaları ve bunlarla çok vakit geçirmeleri, bilişsel yeteneklerini gözle görülür biçimde azaltıyor.[16] Benzer şekilde, fiziksel işlerinin büyük kısmını dijital cihazlara devreden insanlar, beyin gelişimlerine ve yenilikçi düşünme yeteneklerine de bilmeden kısıtlama getiriyorlar.

Bilgisayar benzeşimleri (simülasyonları) ne kadar karmaşık olursa olsun, gerçek dünyanın karmaşıklığının ve ön görülemezliğinin (henüz) yanına bile yaklaşamıyor. Zira bilgisayarlarda kullandığımız modeller ne kadar akıl almaz dursalar da sonuçta belli modellemelere ve matematiksel-algoritmik alt yapılara dayanıyor. Bu nedenle ne kadar "havalı" gözükürse gözüksün, hiçbir sayısal benzeşim, henüz gerçek dünyadaki kadar zengin ve kaotik bir etkileşim üretemiyor. Bu sadece teknik bir sorun da değil: Zihnimiz ve bedenimiz, bilgisayarların algoritma zincirine mahkûm hale geldikçe, düşüncelerimiz "bilgisayarlaşmaya", yaratıcılığımız kısıtlanmaya başlıyor. Nasıl hiçbir bilgisayar veya tablet uygulaması gerçek bir fiziksel oyunun yerini alamıyorsa, bilgisayar destekli benzeşimler de gerçek dünyanın yerini tutamıyor. Yakın zamanda da böyle bir yeteneğin bilgisayarlarda üretilebileceğinden kuşkuluyum.

En az 200 bin senedir var olan bir rutinimiz var: Önce düşün, sonra yap. Etrafımızdaki insanlara baktığımızda; az düşünüp hemen faaliyete geçenlerin, hemen denemeye başlayanların genellikle daha başarılı olduğunu, daha hızlı mesafe aldıklarını fark ederiz. Çünkü tabiatın da temel usulü deneme-yanılma yöntemidir. "Mükemmelin iyiyi öldürmesine izin verme!" sözü, aşırı zihinsel odaklanmanın fiziksel faaliyeti engellediği durumlar için bir uyarı niteliğindedir. Yani mükemmelini yapacağım diye sürekli düşünüp hiç faaliyete geçemeden nice fırsatlar, hatta ömürler kaçıran insanlar çoktur. O yüzden bir yerden başlayıp "yapmak" başarmanın en önemli şartıdır. Yeni ve devrimsel bir şeyler yapmak için de zihinsel kurgular kadar fiziksel olarak harekete geçmek, dünyayı tanımak ve bu tanışıklıkla yeni fikirler üretmek, anahtar öneme sahiptir.

16 https://www.psychologytoday.com/blog/singletons/201407/how-digital-devices-affect-infants-and-toddlers

İNSAN FAALİYETLERİNİN HAYVANDAN FARKI VAR MI?

Günlük hayatımızda yaptığımız birçok hareket, diğer hareket eden canlıların yaptıklarından çok da farklı değildir. Neredeyse tüm günümüzü dolduran ve çoğunluğu refleks tabanlı olan beslenme, temizlenme, yer değiştirme ve acıdan sakınma gibi temel davranışlarımızı burada masaya yatırabiliriz. Mesela konuşurken elimizle yanağımızı kaşımamız gibi hareketlerden markette yarı bilinçli olarak alışveriş yapmaya kadar birçok davranışımız böyle otomatik ve refleks hareket devreleri ile sürdürülür. Bu tip hareketler açısından diğer hayvanlarla aramızda belirgin bir fizyolojik fark yoktur.

Öte yandan insanı harekete geçiren niyet ve motivasyonlar, gelişmiş beyin yapısı nedeniyle diğer hayvanlarınkinden çok farklı olabilir. İnsan sadece bedensel motivasyonlarla değil, zihinsel ve bilişsel nedenlerle de harekete geçebilme açısından diğer canlılardan ayrılır. İçsel dürtülerinin ve bedensel ihtiyaçlarının yönlendirdiği davranış kalıplarının aksi yönde davranışlar sergileyebilme yetisi de buradan gelir. Mesela bir kişi çok aç olduğu halde, önünde hazır bulunan bir yemeği yemeyi değişik nedenlerle reddedebilir. Bu nedenlerden biri "kendi belirlediği yemek saatine henüz ulaşmadığı" gibi gayet öznel ve bilişsel bir karar olabilir. Bir başka durumda, diyelim ki diğer insanların da bulunduğu bir ortamda, kişi kibarlık yahut çekingenlik göstermesi nedeniyle yemeği reddedebilir. İkisi de neticede aynı davranış olmakla birlikte; temel nedenler açısından birinci örnek insana has bir örnek iken, ikinci örnekteki davranışı sosyal gruplar halinde yaşayan birçok canlıda görebiliriz.

Dolaşmaya çıktığımızı, yolda bir protesto gösterisine denk geldiğimizi düşünelim. Kalabalık bir grup insan, öfkeli bir şekilde sloganlar atarak yürüyor olsun. Diyelim ki bir başka kalabalık grup da onları yol kenarında merakla ve endişeyle izliyor. Her iki davranış kalıbı birbirinden çok farklı gözükse de temel motivasyon ve harekete geçirici nedenler açısından aralarında çok fark olmayabilir. Mesela gösteriye katılan ve sloganlar atarak yürüyen insanlardan biri, onları kenardan izleyenleri "korkak olmak ve özgürce eyleme katılamamakla" itham edebilirken, kenarda izleyici olanlardan birileri de bağırarak yürüyenleri tepkisel davranmakla ve belli bir gruba ait olma görüntüsü nedeniyle özgür olmamakla itham edebilir. Yahut protestocu ekip içinde son derece sağlam bilişsel ve tecrübî nedenler sayesinde bilerek ve isteyerek orada olanlar olabileceği gibi, yine kenarda izleyen insanlar arasında da kendi nedenlerinden ötürü bilinçli olarak orada bulunmayı tercih edenler olabilir. Dolayısıyla ister protesto gösterisinde sloganlar atsın, isterse kenardan sessizce olan bitenleri izlesin; böyle kişiler diğer kalabalıktaki insanlara göre çok daha bireysel, özgür iradeleri doğrultusunda karar almış ve bunu uygulayan kişiler olacaktır. Dışarıdan bakıldığında ise davranışlar grup içinde hemen hemen aynı gözükür. Neticede faaliyet ve eylem tipi ne olursa olsun dışarıdan eylemin tipine bakarak ardındaki niyet hakkında çıkarımda bulunmamız zordur. Primat doğamız gereği kalabalıkların davranışına uymak konusunda son derece ikna edici ve güçlü zihinsel reflekslere sahibiz fakat aynı zamanda diğerlerinden farklı, tamamen özgün nedenlerle bir hareket ortaya koyabilme açısından da insan oldukça özel bir yerde durur.

İnsanın harekete geçirici sisteminde önemli ve farklı bir bileşen daha vardır. Buna kısaca "cesaret devresi" adını verebiliriz. Cesaret, korkulara rağmen bir harekette bulunmayı, bir davranış göstermeyi tercih edebilmek anlamına gelir. Korku yahut o davranışı gerçekleştirmeme konusunda ikna edici gerekçelerin yokluğunda, bir davranışı ortaya koymak cesaret olarak adlandırılmaz. Mesela bir kediyi kendisini tehlikede hissedeceği derecede rahatsız eder, bir köşeye sıkıştırıp tehdit edersek, kedi üzerimize doğru atlayabilir. Bu davranış bir cesaret değil, hayatta kalma davranışıdır. "Savaş ya da kaç" sisteminin aşırı oranda faaliyete geçmesi sonucu görülen böyle davranışlar, başka çare olmadığı için ortaya konan mecburî davranışlardır. Bu konuyu en son fabrika ayarımız "Sınırları aşmak" bahsinde tekrar ele alacağız.

İnsanoğlunun en sevdiği harekete geçirici nedenler, risk içeren, daha önce yapılmamış bir şeyleri yapma güdüsünden gelir. Uç (extreme) spor tutkunlarından tutun, farklı fikirlerle ortaya çıkan mucit, kâşif, sanatçı veya bilim insanlarına kadar hepsini harekete geçirici en önemli güçlerden birisi budur. Elbette insanların çoğunluğu bu tip risk alma davranışlarını dizginlemeyi ya sosyal ortamlardan yahut eğitimden öğrendikleri için, çocukluk yıllarımızda bol miktarda görülen bu temel risk alma davranışı ileriki yıllarda azalabilir. Fakat hepimizin içinde risk alma, yapılmayanı yapma doğrultusunda gerçekleştirilebilecek nice davranışların hayalleri bir şekilde mevcudiyetini sürdürür. Hayallerimizi genelde hep böyle şeyler süsler. Ve tabii uygun bir ortam ve fırsat bulduğumuzda risk alarak giriştiğimiz hareketler bizi pek mutlu eder. Son fabrika ayarımız olan "sınırlarımızı aşmak" burada da davranışlarımız konusunda oldukça belirleyicidir.

BEDENLE ÖĞRENMEK

Hareketten bahsettiğimizde, buraya kadar konuştuklarımızdan da çağrışabileceği gibi aklımıza genellikle spor yapmak, terlemek, enerji sarf etmek gibi konular geliyor. Zira hareket sistemimizin en önemli amaçlarından birisi bu. Fakat bu "gürültülü" ve "büyük çaplı" süreçlerin ötesinde, hareket sistemimizi oluşturan beynimiz, sinir sistemimiz, kaslarımız ve kemiklerimiz arasında çok daha belirsiz, dikkatli bakılmadığında gözden kaçırılabilecek ve aslında hayatımız açısından belki de çok daha önemli olan bir öğrenme ve geri bildirim sistemi sürekli çalışıp durur.

Beynimizin gelişkin bir hareket kontrol sistemi olduğundan bahsetmiştik. Beynin hareketleri yöneten bölümlerini incelediğimizde, beyindeki farklı bölge ve yapıların çok büyük bir çoğunluğunun hareket kontrolüyle ilgili olduğunu fark ederiz. Hareketlerimizi doğru ve amaca uygun olarak planlamaktan sorumlu bazal çekirdekler, hareket kontrol sisteminin beyni olan beyincik, beyin kabuğunun hareket planlarına ve hareket kalıplarına ayrılmış premotor, tamamlayıcı motor gibi hatırı sayılır büyüklükteki alanları, tüm hareketlerimizin en üst kontrol alanları olan motor korteks bölgeleri, beyin sapı bölümünde yer alan sayısız ara istasyon, sinir hücresi grupları ve beynimizi uyanık tutup hareketlerimizin doğru yapılmasına yardımcı olan retiküler formasyon, bunlardan sadece ilk akla gelenleridir. Beden hareketleri sırasında beynin neredeyse tamamının faaliyete geçmesi ve orkestrasyon halinde işe karışması, bedensel hareketi beynin tamamını ilgilendiren bir mesele olarak karşımıza koyar. Beynimizi bu denli yaygın şekilde uyaran ve meşgul eden bir süreçler dizisi de aynı zamanda beynimizin uyarlanabilirlik (plastisite) özelliği nedeniyle, beyin devrelerini en fazla değiştiren uyaranlardan birisidir.

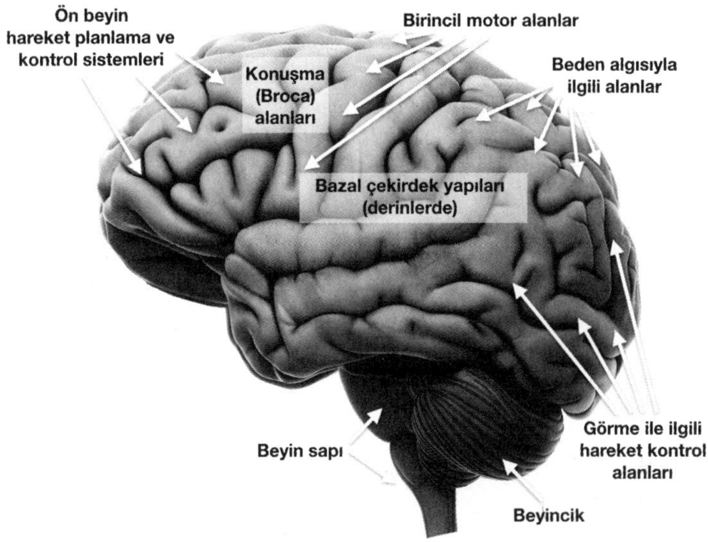

GÖRSEL 12: Beynimizdeki hareket kontrolüyle ilgili temel alanların genel bir görüntüsü. (Bir fikir vermek açısından sadece ana alanlar kabaca işaretlenmiştir.)

Hareket, beyinle beden arasında sürekli ve karmaşık biçimde yürüyen bir geri bildirim sistemine dayanır. Saniyede binlerce kez gidip gelen milyonlarca sinirsel sinyal; yüzlerce farklı sinir hücresi grubundan bedeni saran sinir sistemine, oradan kaslara, kaslardaki alıcılardan tekrar sinir sistemine ve beyindeki sayısız değerlendirme alanına akar durur. Başta görme ve denge olmak üzere tüm duyularımız da bu orkestranın çoğu zaman ayrılmaz parçalarıdır. Bu karmaşık geri bildirim sistemi sayesinde hareketlerimizi amacına uygun ve akışkan bir şekilde yapabiliyoruz. Elinizdeki çaydanlığa akan bir musluktan su doldurduğunuz durumu düşünün. Su, çaydanlığı doldurdukça musluğun altında sabit tutmaya çalıştığınız çaydanlığın ağırlığı artar; siz de buna karşılık çaydanlığı aynı seviyede tutmak için her seferinde biraz daha fazla kuvvet uygulamak durumunda kalırsınız. Bu ayarlama, kaslarınızın uzunluğunu izleyen özel kas içi alıcılardan, sizin kaslarınıza gönderdiğiniz kasılma emirlerinin miktarı ile çaydanlığın ağırlığından dolayı kaslarınızın gerilme miktarı arasındaki farkın devamlı omuriliğe bildirilmesi ve bu sayede kasa gelen emirlerin anlık olarak değiştirilip ayarlanmasıyla mümkün olur. Son derece karmaşık süreçlere dayanan bu işlemi, müthiş hızlı çalışan bir geri bildirim sistemi sayesinde çoğu zaman sorunsuzca halledebiliriz.

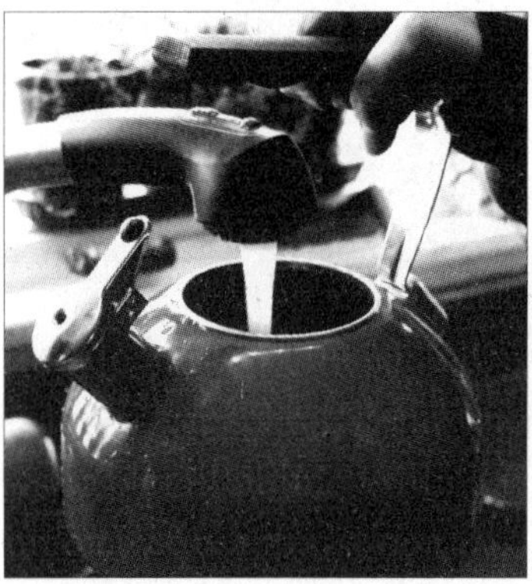

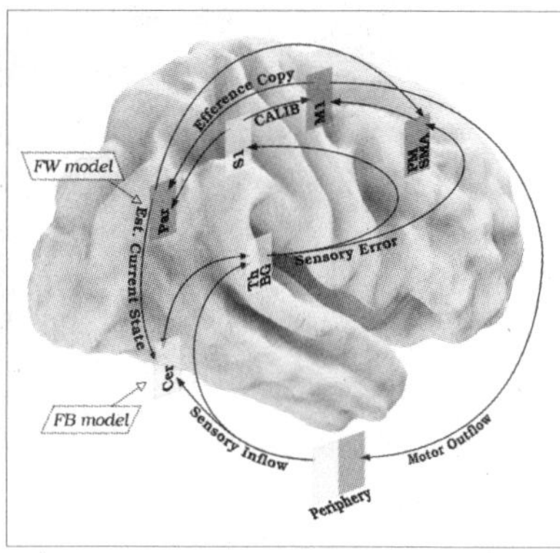

GÖRSEL 13: Akan suyun altında çaydanlığı doldurabilmemiz için gerekli sinirsel geri bildirim yollarının basitleştirilmiş şeması (sağda). Beynin birçok alanının bedenden gelen geri bildirimler yardımıyla işe karıştığı devasa bir hesaplama sistemi arka planda çalışır ve sağlığımız yerinde olduğu sürece bizim bundan genellikle hiç haberimiz olmaz.

Bu noktada "Beynimiz neden var?" sorusunun cevabına tekrar bir dönelim. Beynin varlığının tek amacı "karmaşık ve uyarlanabilir hareketler" üretmektir. Burnumuzu kaşımaktan konuşmaya, koşmaktan esnemeye kadar her faaliyetimiz, özünde harekettir. Beynin hareket kontrolündeki "karmaşık" ve "uyarlanabilir" sözcükleri özellikle önem arz eder. Mesela bir robot kol, masadaki su bardağını almak üzere günümüzde rahatlıkla programlanabilir.

İlköğretim düzeyindeki öğrencilerin dahi bu tip projeleri yapabildiklerini duyageldiğimiz bir zamanda yaşıyoruz. Fakat sıradan algoritmalar; bardağın yeri, ağırlığı yahut yönelimi hafifçe değiştiğinde dahi iş göremez hale gelir. Çünkü robot kol belli bir yerden, belli bir pozisyonda duran, belli büyüklükte bir nesneyi almak için programlanmıştır. Azıcık yükseğe, azıcık eğimle, azıcık ileri yahut geriye koyarsanız robotumuz muhtemelen bardağı alma görevinde başarısız olacaktır.

Sıradan robotik sistemler için neredeyse imkânsız olan bu yeni duruma göre hareket programını uyarlama becerisi, ancak kendi kendine öğrenen yeni yapay zeka kontrollü sistemlerde görmeye başlayabildiğimiz bir özelliktir. Öte yandan henüz iki yaşındaki bir çocuğa "şu bardağı alsana" dedikten sonra onu izlerseniz, o yaşlarda bile hareket sistemimizin muhteşem bir uyum yeteneğine sahip olduğunu görmeniz çok kolaydır. Bardak ister ters ister eğimli ister dolu ister boş olsun; o küçük beyin onu almanın bir yolunu bir şekilde bulur. Belki ilk uzanışında biraz isabetsiz hareketler yapar ve hatta belki bardağı tutmayı beceremez... Ama birkaç denemeden sonra onun hızla ustalaşmaya başladığını görürsünüz.

Piyano çalmayı öğrenirken beynimizde olan süreçler de hemen hemen aynı şekilde işler. Yaptıkça öğrenen ve bir sonraki hareketin sonuçlarını kestirerek ustalaşan harika bir motor kontrol sistemi ile donatılmış durumdayız. İşte uyarlanabilir hareket becerimiz, bize böyle bir serbestlik ve gelişebilme yeteneği sağlar.

Bu bölümde buraya kadar genellikle bedenimizin sportif hareketlerini yöneten sistemler üzerinde konuştuk. Bu beceriler biyolojide "kaba motor beceriler" olarak bilinir. Koşmak, eğilip kalkmak, yürümek, yük taşımak gibi işlevler bu başlık altında toplanır. Zira bunlar genellikle büyük kas gruplarının kitlesel olarak işe karıştığı, fazla ince hesaplama gerektirmeyen hareket tipleridir. Bunlarla birlikte bir de "ince motor beceriler" dediğimiz becerilerimiz mevcuttur. Yazı yazmak, dikiş iğnesinin içinden iplik geçirmek, yüz mimik kaslarının incelikli hareketleri ve enstrüman çalarken yaptığımız o ince parmak manevraları gibi işlevler de bu başlık altında toplanır. Bunların sadece isimleri farklı değildir;

sinir sisteminde de birbirlerinden farklı sinirsel yollar tarafından yönetilirler. Kaba motor beceriler, beyinde görece az sayıda sinir hücresinin faaliyete geçmesi sonucu, oransal olarak çok sayıda kasın faaliyete sokulduğu hareket tiplerini içerir. İnce motor becerilerde ise bazen faaliyete geçen sinir hücresi sayısı ile kas hücresi sayısı birbirine çok yakın hatta eşit olabilir. Bu fizyolojik durum, ince motor becerilerin neden "ince" olduğunu da anlatır: Bu tip hareketler, her bir kas hücresinin sinir hücreleri tarafından ayrı ayrı kontrol edilmesini ve ayarlanmasını gerektiren zahmetli ve üst düzey becerilerdir. Sinirsel maliyetleri de bu nedenle oldukça yüksektir. Kaba motor hareketler bedene ve kaslara çok miktarda enerji tükettirirken; ince motor becerilerin, beyin ve merkezî sinir sistemindeki enerji tüketimini artırdığını söyleyebiliriz.

Yazı yazmak, cerrahlık, müzik aleti çalma, dans, konuşma, oyunculuk, el sanatları ve benzeri uğraşlarımız bu ince motor becerilerle yakından ilişkilidir. Sinir sistemimizi çokça meşgul eden bu maharetlerin öğrenme süreçleri de görece uzundur. Çokça tekrar yapmak, sinirsel bağlantıların yeniden düzenlenmesine izin verecek kadar sebat etmek, genellikle bu konuların ustalarının sayıca daha az olmasının temel nedenleridir. Bunlar sadece izleyerek ve birkaç kez deneyerek herkesin kolayca becerebileceği işler değildir. Aslında makyaj yapmak, burnumuzu karıştırmak, balık yerken ağzımızdaki o minicik kılçığı hissedip başarıyla dışarı çıkarmak yahut "çekoslovakyalılaştıramadıklarımızdandır" gibi sözcükleri söyleyebilmeyi hemen öğrenebilmek gibi beceriler de bu sınıftandır. Fakat bunlar yaşamsal becerilerle ilişkili olduklarından, yaşamın erken dönemlerinde bolca deneyimleyip öğrenme ve ustalaşma fırsatı bulduğumuz becerilerdendir.

Hareket ve sağlıkla ilgili bu bölümde bu detaylara girmemin temel nedeni şu: Bu incelikli motor beceriler, insanın temel farkını oluşturan incelikli işleri ustalıkla yapmasını ve öğrenmesini sağlar. Beynimizin birçok alanını kapsayan ayna nöron sistemi sayesinde kompleks sosyal ve bedensel hareketleri izleyip taklit edebilir ve diğer insanlardan öğrenebiliriz. Fakat ayna nöron sisteminin muhtemelen bundan daha hayret verici bir görevi daha olabileceğine dair kanıtlarımız da var:

Sözgelimi, çamurdan heykel yapmak için ilk denemelere giriştiniz. Çamuru nasıl şekillendireceğiniz konusunda daha önceden bir deneyiminiz ve bilginiz olmadığı için, deneme yanılma yöntemiyle işe başladığınızı düşünelim. Elbette ilk denemeler pek verimli sonuçlar vermeyecektir. Zira çamura belirgin bir şekli verebilmek, kafanızdaki formu elleriniz ve alet edevatınızla o çamura yansıtabilmek ilk etapta çok zor olabilir. Fakat denemelere devam ettiğiniz sürece beyninizde ilginç bir şeyler olur. Ayna nöron sisteminize dahil olan devasa sinirsel ağlar, çamurun davranışını "aynalayarak" öğrenmeye başlar. Çamur ile giriştiğiniz her temas, her minik deneyim parçası, bu sistem tarafından dikkatle izlenerek çamurun "ne yapacağı" konusunda tahminler üretmeye başlar. Ustalaşma süreci adım adım devam ettikçe beyninizdeki bu devreler adeta "çamurun bir kopyası" gibi davranarak zihniniz içinde çamurun nasıl bir davranışla yönlendirilebileceğine dair size etkin bir rehber haline dönüşmeye başlar. Bu, büyük oranda beynimizde çok gelişmiş durumda hazır bekleyen ayna nöron sisteminin marifetidir ve uğraştığımız her ne ise onu "aynalayarak", o konuda ustalaşmamızı sağlayacak yeni karar ve simülasyon devrelerini geliştirmekle meşguldür.

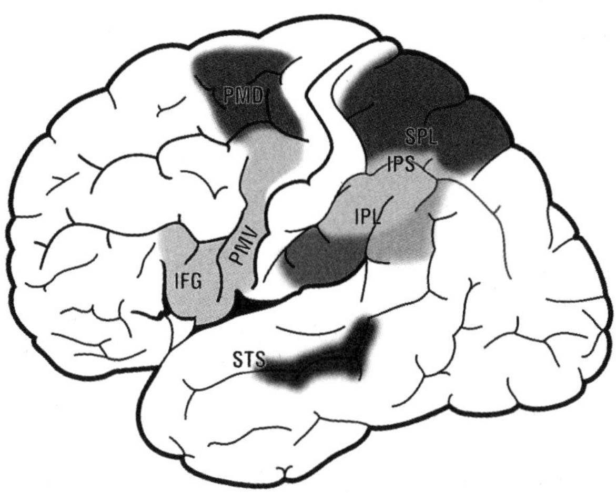

GÖRSEL 14: İnsan beyninde ayna nöron sistemi ile ilişkili temel bölgeler. Beynin birçok önemli alanını kaplayan bu sistem, kompleks motor ve sosyal davranışların öğrenilmesinde temel teşkil eder (Arch Neurol. 2009;66(5):557-560).

Bu sistemin çalışması için ilk şart elbette ki bedenen, ellerimizle ve gerçek dünyada o işe fiziksel olarak girişmektir. Mesela uzun süre bir heykeltıraşın videolarını izlemek yine ayna nöron sistemi sayesinde elbette bize birtakım "hareket kopyaları" ve deneyimler sağlar ama oturup da kendimiz bizzat uğraşmadan o işte ustalaşamayız. Zira gerçek deneyim, bir videonun kaydedebileceğinden çok daha derinlikli ve çok boyutludur. Bu nedenle o deneyimin yerini hiçbir öğrenme yöntemi dolduramaz.

Günümüzün modern teknoloji dünyasında eğitim ve öğretimin de şekli hızla değişiyor. Elimizdeki cep telefonu veya tablet gibi teknolojik arayüzlerle birçok bilgiye çabucak ulaşabiliyor ve her şeyi "öğrenebiliyoruz". Fakat dünyayla aramıza giren bu teknolojik arayüzler, gerçek dünyada öğrenmemizi sağlayan bu karmaşık beyin sistemlerinin ancak sınırlı düzeyde, ağırlıklı olarak görme ve işitmeye dayalı alanlarda kullanılmasına neden oluyor. En azından bu satırlar yazıldığı sırada yaygın olan teknoloji; bedensel hareketlerimizin sadece küçük bir kısmını, parmak hareketlerini kullanarak, işitsel ve görsel ağırlıkta bir etkileşim üzerine tasarlanmış durumdaydı. Eğer yakın bir zamanda bu sistem değişmezse, özellikle küçük yaşlardan itibaren ellerine verdiğimiz bu cihazlarla yeni nesillerimiz garip bir öğrenme ve dijital engellilik durumuyla yüzleşebilirler. Zira her şeyden haberdar ama ustalaşma için zaman bulamayan yeni nesil gençlerinin durumu şimdiden alarm düzeyimizi yükseltmemize neden olacak kadar dikkat çekici. Başta sosyal beceriler olmak üzere birçok özelliğimizi kadükleştirme riski taşıyan modern teknoloji bu mantıkla hayatımıza daha çok girdikçe, faydasından çok zararlarını konuşmak zorunda kalmamız olası. Gelecekteki olası senaryolar ve bunlarla nasıl başa çıkabileceğimiz konusunda detaylı zihinsel egzersizleri *Dijital Gelecekte İnsan Kalmak* (S. Canan; M. Acungil, Tuti Kitap, 2019) adlı kitabımıza havale ederek burada mevzuyu çok kısaca özetleyelim.

İNSANIN AYARLARINA UYUMLU BİR TEKNOLOJİ

İçinde yaşadığımız çağ, gittikçe artan şekilde teknolojinin "bizim yerimize" iş görmeye başladığı özel bir dönemdir. Bedenle zihin arasındaki dengeyi ileri düzeyde bozma potansiyeli taşıyan bu dönemin yeni sorunlarından birisi, beden hareketlerinin alabildiğine kısıtlanması ve zihnimizin (özellikle de bazı alt bölümlerinin) hiç olmadığı kadar yoğun bir biçimde meşgul edilmesidir. Daha önce bahsettiğimiz hareket ve zihin arasındaki ilişkiye tekrar bakacak olursak, hareketi azalan bir bedenin, zihin performansını da azaltması kaçınılmazdır. Gerek bugün gerekse önümüzdeki zamanlarda bu sorunun artarak özellikle de yeni gelişen gençlerimiz açısından ciddi bir sorun oluşturabileceği gözden ırak tutulmamalıdır.

Teknoloji üretimi yapan tüm kişi ve kuruluşların önümüzdeki dönemlerde eğilmesi gereken en önemli konuların başında, milyonlarca yıldır çok fazla değişmeyen bedensel ayarlarımız ile uyumlu teknolojik fikirler geliştirme konusu olacaktır. Eğer yakın bir zamanda bedenimizi baştan yaratacak kadar derin biyomekanik buluşlar yapamazsak, insan bedeni ile teknolojinin arasındaki uyumsuzluklar, teknolojinin hayatımıza iyice girmesi sonucunda belirgin problemlere de kaynaklık etmeye başlayacaktır.

Bugün aşırı kilolar, boyun ve bel sıkıntıları, dolaşım bozuklukları, yalnızlaşma ve buna benzer ilgisiz görünen birçok sosyal veya biyolojik sağlık sorunu, teknolojinin bize getirdiği yeni yükler olarak da karşımıza çıkıyor. Teknolojik cihazları bir şekilde bedene uyumlu hale getirmek, şimdiye kadar alıştıklarımızdan farklı düşünce tarzları gerektiriyor. Şu anda kullandığımız klavye, fare yahut hareket algılayıcıları gibi teknolojiler, muhtemelen yerlerini çok yakın bir zamanda daha farklı ve yenilikçi yollara bırakacak. Fakat bu yolların yine günümüzde yaşadığımıza benzer sorunları yaratmaması yahut bu tip sorunları en asgarî düzeye indirebilmemiz için bedenimizi, ayarlarımızı ve temel ihtiyaçlarımızı iyi anlamamız lazım. Genel kitleye hitap eden bu metnin en önemli amaçlarından birisi de işte budur: Teknolojiye kafa yoran insanların en zahmetsiz ve doğru bir şekilde bedenin gerçek ayarlarını anlamasını sağlayabilmek.[17]

---

17 Konuyla ilgili detaylı bilgilere *Değişen Be(y)nim* başlıklı kitabımda ulaşabilirsiniz.

İNSAN HER ŞEYE UYUM SAĞLAR MI?

İnsanı diğer organizmalardan farklı kılan en önemli biyolojik özelliklerinden başlıcaları; gelişmiş zihinsel donanımı sayesinde hemen her koşula uyum sağlayabilmesi, tüm ortamları yaşanabilir biçime sokabilmesi ve bu sayede hemen her yerde bir şekilde hayatta kalma ve üreme yolu bulabilmesidir demiştik. Fakat bu uyumun sınırları ve bir kapasitesi de vardır. Mesela özel bir elbise ve teknolojik donanım olmadan kendimizi bir anda atmosfer dışında bulursak, sonuç malumdur. Adaptasyonun sağlanabilmesi için bazen çok uzun sürebilen ön hazırlıklar, denemeler ve araştırma-geliştirme süreçleri gerekir. Neticede insan biyolojik bir canlıdır ve ne kadar sıra dışı görünürse görünsün, temelde biyolojinin kuralları ile sıkı sıkıya bağlıdır.

Teknoloji, şehirleşme, çevre kirliliği veya aşırı enformasyon gibi sorunlardan bahsedildiğinde birçok kişinin "insanın bu yeni durumlara da uyum sağlayabileceği, buna göre evrimleşebileceği" yönünde iyimser bir noktada durmayı sevdiğini görebiliyoruz. Bu aşırı iyimser bakış, aslında biyolojimizi ve evrimleşme-uyum mekanizmalarımızı tam olarak bilmememizden kaynaklanıyor. Oysa gerçekte biyolojik değişimler çok yavaş ilerler. Olası değişimler bazen yüz binlerce bazen de milyonlarca yıla yayılır.

Muhtemelen bu uzun canlılık tarihinde sıçramalı değişimlerin olduğu dönemler de olmuştur. (Mesela bazı biyologlar bu fikirdedir.) Fakat bu tip durumlar varsa bile bunlar istisnaidir ve tüm canlıları etkileyen son derece uç, son derece zorlu koşulların neticesi olarak küresel ölçekte meydana gelmiştir. Bu uzun zamana yayılan dönüşümlerin gerçekleşebilmesi için bir başka şart da "istikrar" şartıdır. Yani organizmaları bir yönde değişime zorlayan "seçilim baskısı" belirli ve uzunca bir süre var olmalıdır. Hemen her gün değişen yahut ayda bir yepyeni koşullarla karşımıza çıkan bir çevre, biyolojik bir organizmanın uyum sınırlarının dışında kalır. Örneğin yüksek oksijen düzeyi ve besin bolluğu ancak milyonlarca yıl boyunca devam ederse işte o zaman canlıların boyu nesilden nesle daha da uzayabilir. Eğer yıldan yıla değişen temel özellikler söz konusu ise; canlıların böyle değişken bir ortama kalıcı uyum cevapları üretebilmesi zorlaşır ve ortada ancak "çok geniş bir uyum aralığına sahip" canlılar kalır. Dar değişim aralığı gösteren, nispeten sabit koşullara özgü özelliklerle donanmış canlılar böyle ortamlarda dezavantajlı hale gelirler.

Elimizde iki temel gerçek var:

a. Biyolojik değişimin yavaş oluşu

b. Çevresel şartların değişiminin makul bir hızda olması gerektiği

Şimdi bu iki temel gerçeği, modern insan toplumuna ve çevresine uygulayalım:

Biyolojimiz bildiğimiz kadarıyla diğer canlılarla aynı kurallara tâbi yani değişimlerimiz yüz binlerce yıla yayılmak durumunda. Çevremizdeki değişimler ise artık bizim takip boyutlarımızı bile aştı. On yıl önce hayalini bile kuramadığımız teknolojik cihazlar ve imkânlar, günümüzün vazgeçilmezleri haline gelmiş durumda. Ayrıca bu değişimin çok daha hızlanarak devam ettiğini görüyoruz. Dolayısıyla biyolojik bir organizmanın adeta "günlük" değişen bir ortama "biyolojik olarak" uyum sağlayabilmesi imkânsız!

Bu satırlar yazıldığı sırada insanoğlu Mars'a gitme planlarıyla meşgul. On yıllar sürecek bir Mars yolculuğu ve misyonunu insan bedeninin ve zihninin kaldıramayacağı ise elbette aşikar. Peki, buna nasıl bir çözüm arıyoruz? Elimizdeki en "mantıklı" çözüm, insan bedeninin teknolojik olarak uyarlanması. Yani o uzun yolculuklara, yoğun kozmik radyasyona, uzun süre yalıtılmış şekilde yaşamaya hazırlanmak için hazırlanıyoruz. Çekimsiz ortama elverişli olmayan insan bedeninin dönüştürülmesi; bazı parçalarının (!) değiştirilmesi, beynine dijital eklemeler yapılması gibi konular gündemde. Kısacası, bu uyum sağlayamama sorunu, Mars yolculuğu gibi uç örneklerde karşımıza daha belirgin olarak çıkıyor.

Çok uzak olmayan bir gelecekte insan bedeninin teknolojik yenilenmesi konusunun kesinlikle gündeme geleceğine eminim. Fakat bunu da yapabilmemiz için biyolojimizi doğru bir biçimde anlamamız, sınırlarımızı gerçekçi olarak bilebilmemiz gerekiyor. Zira her zaman söylediğim gibi; sınırlı zihinsel modellerimizle anlayabildiğimizi zannettiğimiz biyolojik sisteme yapacağımız her acemi müdahale, bize çok sayıda dert olarak geri dönebilme potansiyeli taşıyor.

DİJİTAL SAĞLIK

Bugün mobil aygıtlarımızda, kolumuzdaki dijital saatlerde; adımlarımızı sayan, yaktığımız kaloriyi hesaplayan, bize egzersiz önerileri yapan, biyolojik değişkenliklerimizi ölçen ve bütün gün bizi takip eden uygulamalarımız var. Yakında hayatımıza girecek giyilebilir yahut implante edilebilir (bedene kalıcı olarak yerleştirilebilir) teknolojik donanımlar ile bu meselenin fersah fersah ileri gideceğini de öngörebiliyoruz. Gözümüzün retina tabakasına eklenmiş bir dijital alıcı sistemiyle, biyolojik kapasitemizin çok üzerinde veri işleme ve bilgi devşirme kapasitesi yakalayabiliriz. Bir parkta yahut deniz kenarında yürüyüş yaparken, hiçbir arabirim kullanmadan, zihinsel veya göz kırpma gibi basit hareketlerle ortak bilgi ağına sorgulama gönderip anında yanıt alabileceğiz belki de...

Bu noktada şunu hatırlatmam gerek: Sağlığımızı dijital cihazlara emanet etmeye başladığımızdan beri, bedenimizi de "sayısal bir girdi-çıktı sistemi" olarak algılama yanılgımız gittikçe derinleşiyor. Tüm TV programlarında ve sağlıklı yaşam internet sitelerinde "Ne yiyelim, ne içelim, kaç kilo olmalıyım, nasıl kilo veririm, kaç dakikada ne kadar egzersiz?" gibi soruların yanıtı aranır oldu. Halbuki "baskülle sağlık olmayacağını", "kan değerleri"nin her şey demek olmadığını, yeme-içme kadar hayata bakışın da sağlığımızı belirlediğini bilmemizle beraber nedense bunu çok önemsemiyoruz. Çok yakında dijital cihazlarımızın bizden aldığı birtakım verilere göre bizlere bazı "teşhisler" koyduğu ve hatta bizleri çeşitli "tedavilere" yönlendirdiği "doktor" uygulamalar hayatımıza girerse, şaşıracak mıyız?

Bize hiç fark ettirmeden hayatımıza giren onca uygulama gibi bu da kulağımıza hoş geliyor, değil mi? Evet, bunlar bize ne kadar hoş görünse de böyle bir geleceğin özellikle de ilk etapta bize oldukça pahalıya mâl olacağını söyleyebilirim. Zira teknolojik üretimimiz "bu kafayla" devam ettikçe sorunlar da kaçınılmaz olarak büyüyecek. Nedir "o" kafa? Kar etmeyi, hızı, yeniyi ve şaşırtıcı olanı devamlı geliştirme isteğiyle yanıp tutuşan temel kapitalist kafamızdır. Böyle bir dürtüyle ortaya çıkan "insana uyumsuz teknolojilerin" bizleri köle etme riski, artık tanışmadığımız bir distopya değil.

İnsanoğlu oyalanmayı, oyunu ve oyuncağı seviyor. Bu temel dürtü, neredeyse tüm teknolojimizin eğlence ve oyun bağlamında şekillenmesine neden oluyor. Bunun bedelini ise gerçek hayattan kopma ile ödemek durumunda kalıyoruz. Bu yeniliklerin fizyolojimizdeki, psikolojimizdeki ve hatta insanlık kültürümüzdeki etkileri hakkında yeterince düşünülmediği ne yazık ki ortada. Şimdiye kadar yaşadıklarımızın genlerimizdeki yansıması hakkında geliştirmemiz gereken bir "duyarlılık bilinci" olduğunu hatırlamak zorundayız. Çünkü dijitalleşen hayatlarımızda bozduğumuz sadece kendi sağlığımız olmuyor. Eğer işleri yoluna koymak için harekete geçmezsek, bu sorunların açılımı katbekat büyüyerek devam edecek gibi görünüyor.

"Durumu bu kadar tehlikeli yönde yorumlamaya gerek var mı; ne olmuş bize, gayet sağlıklıyız?" diye düşünenler de elbette olabilir. Oysa sağlık, sadece hasta olmama hali değildir. Sağlık sürekli fit, ince, neşeli ve hareketli olmak demek değildir. Sağlık, güzel ve genç görünmek de değildir. Sağlık, bütüncül bir "barış" halidir. Bu barışın içinde birbiriyle uyum içinde çalışan sistemlerimiz, yaşamdaki tüm iniş çıkışlarda, üzüntüde ve neşede en optimal düzeyde çalışarak, değişen koşullara en uygun biçimde uyum göstermemizi sağlamalıdır. Sadece belli koşullar sağlandığında, sadece aynı dar rutin içerisinde "iyi hissedebilen" bir insan, sağlıklı değil "bağımlı"dır. Sağlık hali, hayatta karşımıza çıkabilecek farklı koşullar içinde dahi hem zihin hem de beden sağlığımızı sürdürebilecek (şimdilerde *fit* diye tabir edilen) bir uyum düzeyinde yaşayabilmektir.

Artık biliyoruz ki insan, biyolojik bir organizma olarak "dijital, sayısal ve algoritmik" yapıda olmaktan çok uzaktır. Hatta insan; bütün canlılardan daha öteye geçerek kendi kurallarını belirleyebilecek kadar özgürleşmiş, zihninde dünyalar inşa edebilen ve zihinsel gücü bedenini bile değiştirebilen bir garip canlıdır. O nedenle "dijitalleşmenin" gözümüzü boyamasının etkisinden biraz sıyrılabilirsek; aslında ne olduğumuzu, nasıl yaşamamız gerektiğini ve bizi biz yapan gerçek özelliklerimizi daha iyi fark edebileceğiz. Ve işte o zaman da gerçek ve bütüncül sağlık, peşi sıra kendiliğinden gelecek...

İFA-2

AZ, ARALIKLI ve ÇEŞİTLİ BESLENME

SAĞLIK İÇİN NEDEN ACIKMAMIZ GEREKİYOR?

İlmî tıbbı iki alıntıyla topluyorum:

"Sözün güzelliği kısaldığındandır. Yediğin vakit az ye. Yedikten sonra dört beş saat kadar daha yeme. Şifa, hazımdadır. Yani kolayca hazmedeceğin miktarı ye. Nefse ve mideye en ağır ve yorucu hal, yemeği yemek üstüne yemektir."
İbn-i Sina

"İyi bir yemek için gümüş takımlara ihtiyacınız yoktur."
Paul Prudhomme

"BASKÜL" VE SAĞLIK

Bir tartının üzerine çıkıp da ağırlık değerimizi gördüğümüzde çoğumuzun kendimizle ilgili birtakım fikirleri ortaya çıkıverir. Tartının gösterdiği değerle, kafanızdaki referans değer aralığının uyumlu olmadığını gördüğünüz zamanları bir düşünün... Böyle bir durumda, çoğu zaman ciddi bir sorun olduğuna dair dayanılmaz şekilde yargı koyma isteğine kapılırız. Ya tamamen kendimizce karar verdiğimiz yahut "beden-kitle endeksi" gibi havalı hesaplamalarla elde ettiğimiz bir "ideal kilo" değerinin, sağlığımızın doğrudan belirleyicisi olduğunu düşünmeye çok eğilimliyiz.

"Bu aralar yine çok kilo aldım. Tam beş kilo fazlam var!"

"Yeni bir diyete başladım; hiç aç kalmıyorum ama gayet hızlı kilo veriyorum. İdeal kiloya beş kaldı!"

Bir önceki bölümün sonunda "sayısal" bir bedenimiz olmadığından bahsetmiştik. Bu vesileyle sayılarla, uzunluk veya ağırlık değerleriyle sağlığımız arasında doğrudan bir ilişki kurmanın çoğu zaman yanıltıcı olabileceğine değinmiştik.

Beden ağırlığımız, bu sayılar arasında belki de en popüler, en etkileyici parametredir. Hepimizin "kaç kilo olmamız" gerektiği ile ilgili bir fikri vardır. Bu fikrin nereden geldiği, neden "ideal" olduğu, genellikle doğruluğu hakkında hiçbir fikrimizin olmadığı kulaktan dolma bilgilere yahut bazı ön kabullere dayanır. Halbuki bu sayıların sağlığımızla ilişkisi büyük oranda zihnimizdedir. Aynı şekilde, bel-kalça oranı, beden kitle endeksi, yağ-kas oranı gibi değerler bize son derece belirleyici ve sofistike gelir. Ancak birçok insanın bu değerlerin çok dışında ölçümlere sahip olmalarına rağmen, uzun ve mutlu bir ömür geçirdiklerine de şahit olabiliyoruz. Çünkü bedenimiz makine gibi işlemiyor; sayılar bize tek başlarına hiçbir bilgi vermiyor. Zira beslenme de sağlık da bu parametrelerden çok farklı dinamiklere dayanıyor.

Bu bölümde, benim genellikle adına "boğazlar meselesi" dediğim ve son yılların en gözde konularından biri olan beslenme sorunumuzu "fabrika ayarları" bağlamında ele alacağız. Yalnız burada "Hangi diyeti uygulayalım?" sorusundan ziyade, beslenmemizin evrimsel kökenleri ve bunun günümüze verdiği dersler üzerine kısa ve kuşbakışı bir tur atacağız. Umuyorum ki bu bölümde bir araya getirmeye çalıştığım bilimsel veriler, daha sağlıklı ve konforlu bir hayat yaşamamıza katkı sağlar zira temel amacım tam olarak bu.

ŞEKER, YAĞ VE PROTEİNİN KISA HİKÂYESİ

İnsan türü, primatlar ailesine ait bir canlı olarak vücudunda en fazla oranda yağ içermesiyle diğerleri arasında açık ara birincidir. Acaba neden bu kadar yağlıyız ve özellikle de beslenme söz konusu olduğunda yağ tüketmek neden çoğu zaman tartışmaların odağında yer alır?

Bedenimizde temelde üç tip besleyici biyomolekül yapısına rastlıyoruz: Şeker (yahut karbonhidratlar); protein ve yağ. Karbonhidratlar temelde bedenimizin enerji ihtiyacının hızlı şekilde karşılanmasında kullanılan hazır-kıta yakıtlardır. Ayrıca hücre zarından bedenimizdeki dokuların yapısına kadar birçok yerde yapısal eleman olarak da kullanılırlar.

Proteinler esas olarak yapısaldır ve kaslarımızdan hücrelerimizdeki enzimlere kadar hemen tüm yapısal ve işlevsel moleküller bir şekilde protein yapısına sahiptir. Bedenimizdeki kimyasal tepkimeleri hızlandıran enzimler, kullanıldıkça devamlı yeniden üretilen işlevsel proteinlerdir.

Yağlar ise yine enerji kaynağı olarak ve yapısal açıdan bol miktarda kullanılır. Fakat yağların enerji açısından farkı, bir enerji depo sistemi olarak kullanılmalarıdır. Bedenimizdeki yağ dokularında biriken yağlar, ihtiyaç halinde parçalanarak bedene enerji sağlamak üzere kullanılır. Yağ hücrelerinin ve yağ moleküllerinin elbette bundan başka vazifeleri de vardır. Mesela o meşhur kolesterol molekülü aslında bir yağ tipidir ve hücrelerimizin zarlarının sağlamlığından sorumlu çok önemli bir moleküldür.

Yağlar gibi enerjiye dönüştürmek amacıyla bedenimizde depoladığımız karbonhitlar, diğer hayvanlarda olduğu gibi bizde de "glikojen" denen bir biçimde depolanır (gliko: şeker, jen: üreten). Glikojen depolarımız ise ağırlıklı olarak kaslarımızda ve karaciğerimizdedir. Enerji ihtiyacı olduğunda bu depolar hızla parçalanarak "glikoz" dediğimiz temel şekere dönüştürülür. Glikoz ise tüm hücreler tarafından kullanılabilen evrensel bir yakıttır.

Glikozun bedenimizdeki yolculuğu kabaca şöyle seyreder: Önce tüm hücreler tarafından hızlıca "oksijensiz olarak" parçalanır ve sonuçta "laktik asit" denen bir asitin ortaya çıktığı "glikoliz" adlı tepkimeyle, hızlı bir biçimde enerji halini bulur. Fakat bu basamağın enerji verimi düşüktür. Bir tek glikoz molekülü başına iki adet enerji molekülü (ATP) çıkar. Sonraki adım ise hücrenin enerji santrallerinde gerçekleşir ve glikozun oksijenle daha ileri düzeyde yakılmasını sağlayan bir dizi kimyasal basamak başlar. Bu basamaklar nispeten daha çetrefilli ve biraz daha yavaştır ama neticede tek bir glikoz molekülünün oksijenle yakılmasından 38 tane enerji molekülü çıkar. Bu da oldukça büyük bir verimdir.

Bu enerji molekülleri yani ATP'ler, her türlü hücrenin enerji ihtiyacı olduğunda kullanabileceği moleküler piller gibi işlev görür. Yani enerji kaynağı ne olursa olsun, neticede hücrenin bunu ATP denen enerji molekülüne çevirmesi şarttır.

Bu bahsettiğim basamaklar, neredeyse tüm hücrelerimizin enerji elde etmedeki ortak yöntemidir. Fakat ATP sadece şekerden yahut glikozdan sağlanmaz. Glikoz mevcutsa o her zaman önceliklidir ama glikozun azlığında (mesela uzun süreli açlık durumlarında) bu kez yağ hücrelerinin depoladığı yağlardan enerji elde etme süreci başlar. Onlar da yoksa sıra proteinlere gelecektir ama normal şartlarda buna pek ihtiyaç kalmaz.

Yemek yediğimizde aldığımız karbonhidrat ve yağların önemli bir kısmı sindirim sistemimizden geçerken bağırsaklarımızdaki özel mekanizmalar tarafından emilir. Sonra kan dolaşımı yoluyla kullanılacakları ve depolanacakları yerlere giderler. Şekerler, daha önce de dediğim gibi, ağırlıklı olarak kaslara ve karaciğere gidip orada glikojene dönüşümlerini gerçekleştirir (bir kasada paraların desteyle saklanması gibi).

Yağlar ise biraz daha çetrefilli bir işlem sürecine sahiptir. Önce bağırsaklarda özel paketlere alınırlar, sonra da karaciğerde ve çevredeki diğer dokularda farklı yağ paketlerinde çevrilirler. Adına "iyi" veya "kötü kolesterol" dediğimiz LDL ve HDL gibi moleküller, işte böyle devasa yağ molekülü paketlerinden sadece ikisidir. Bu paketler; yağların nerelere dağıtılacağını, nasıl kullanılacaklarını belirleyen kargo ambalajları misali muhtelif işaretlerle bezelidir. Neticede alınan yağların önemli bir bölümü, başta deri altı, karaciğer ve iç organların çevresi olmak üzere bedenin muhtelif yerlerinde bulunan yağ dokularındaki hücrelerin içlerinde depolanır.

Açlık durumlarında bu depoları kullanmak oldukça karmaşık bir dizi biyokimyasal tepkimeyi gerektirir. Glikozla olan işimiz, o mevcut oldukça nispeten kolaydır. Fakat mesela uzun süreli açlıkta, zaten az olan glikojen depoları hızla tükenir ve bedenin kullanabileceği glikoz miktarı çok azalır. Bu durumda özellikle karaciğerimizde gerçekleşen mucizevî operasyonlar dizisiyle "glikoneogenez" denen bir süreç devreye sokulur.

"Gliko" şeker; "neo" yeni ve (genellikle "jen" diye okuduğumuz ekin aslı olan) "genesis" de üretmek anlamındaki Latince kökenli üç kelimedir. Bu birleşik terimin anlamı, "şeker olmayan öncü maddeleri kullanarak glikoz yapılması" şeklinde özetlenebilir. Yani çok özel enzim sistemlerimiz sayesinde yağ ve protein moleküllerinden şeker yapabilen bir biyokimyasal fabrikaya sahibiz. Bu sayede acıktığımız zaman vücudumuzda öncelikle yağ molekülleri harekete geçirilir ve onlardan glikoz üretip bunu enerji ihtiyacımızda kullanabiliriz. Yağ dokumuz da uzun süreli açlık durumlarında bir ilave üretim daha yapar. Bunlar, "keton cisimcikleri" dediğimiz minik yağ paketleridir. Bu paketler, özellikle beynimiz tarafından glikoza alternatif bir enerji kaynağı olarak verimli şekilde kullanılabilmektedir.

"Ketojenik diyet" adlı beslenme rejimini siz de duymuş olabilirsiniz. Bu diyetin ismindeki "keto" keton cisimciklerini, "jenik" ise yine üretimi anlatan iki terimdir. Uzun süreli açlıklarla bölünen ve yağ ağırlıklı beslenmeye dayanan bazı diyet uygulamaları, sonuçta keton cisimcikleri ürettikleri için, bu isimle de anılırlar. Bu tip diyetler epilepsi rahatsızlığı, dikkat eksikliği ve aşırı uyarılabilirlik gibi sinirsel sorunlarda oldukça başarılı sonuçlar vermektedir. Bunun nedenlerine birazdan geleceğiz.

En özet haliyle söylersek, beslenme sistemimizin "fabrika ayarları", "şeker temelli" olarak ayarlanmıştır. Fakat tabiatta nispeten az bulunan glikozu her zaman elde edemeyeceğimiz için, onun beraberinde tüm besin maddelerini bir şekilde enerji kaynağı olarak kullanabileceğimiz bir sistem yer alır. Neticede az miktarda bulunan şeker ve bolca bulunabilen yağlarla dolu bir beslenme ortamına son derece uyumlu bir beslenme, sindirim ve metabolizma sistemimiz vardır. Ama bugün, beslenme ortamlarımız ve besin tüketim tarzımız bu ayarları bize miras bırakan atalarımızdan bir hayli farklıdır.

NEDEN BU KADAR YAĞLIYIZ?

İnsan tabiatta, doğal ortamda yaşarken tabiatın ona sunduğu besinlerle yetinmek zorunda kalan avcı-toplayıcı bir canlı olarak hayata başlamış gibi gözüküyor. İnsan beyninin büyümesinde özellikle beslenmenin çok çarpıcı bir rolü olduğu artık kesin olarak kabul edilen bir gerçek. Çünkü vücudumuzun hacim ve ağırlık olarak yaklaşık %2'si beynimizde fakat buna mukabil, beynimiz aldığımız oksijenin ve besinin beşte birinden fazlasını tüketebilir. Bebeklikte bu oran çok daha yüksektir ve yüzde 60'a yaklaşır. Kısacası beynimiz, bedenimizdeki en aç gözlü ve doymak bilmez organımızdır.

Bu yüksek enerji ihtiyacının nedeni[18], beynimizin işlevine baktığımızda kolayca anlaşılabilir. Özellikle bilişsel özellikleri bizim kadar gelişmiş bir canlıda, günün her anında, hatta uykuda bile bedenimizde en aktif olması gereken organların başında beynimiz gelir. Bu kadar "çok yakan" bir organın beslenebilmesi için de bizim -yani atalarımızın- besin alımında çok özel birtakım teknikler keşfetmemiz gerekmiş gibi görünüyor.

Beyinleri insanınkinin yaklaşık üçte biri kadar olan orangutanlar, şempanzeler ve goriller, günün neredeyse 12 saatini yiyecek çiğneyerek ve besinle ilgilenerek geçirirler. Sürekli bir şeyler yemek zorundadırlar çünkü o beyni beslemek için bile sürekli bir besin alımına ihtiyaçları vardır. On iki saatin geri kalan kısmı ise üreme ve uyuma gibi işlevlere kalır. Özetle, beyinleri o kadar büyük olmasa da yemekten başka pek bir şeye vakitleri kalmaz. Eğer biz bunun üç katı büyüklüğünde olan bir beyni aynı diyetle beslemek zorunda kalsaydık günde 30-40 saat boyunca bir şeyler yememiz gerekecekti. Buradaki sorun ise aşikardır zira gün 24 saattir... Evrimsel yolculuğumuzda beynimizin büyümesini zorunlu kılan seçilim şartlarının karşı karşıya kaldığı en büyük problemlerden biri de işte buydu.

---

18 Bu arada "yüksek enerji gereksinimi" dendiği zaman oluşabilecek bir yanlış anlamayı da peşinen düzeltmeliyim: Beynimiz bedenimizde en yüksek miktarda enerji harcayan organdır fakat harcadığı toplam enerji, 20 Watt'lık bir ampulü yakmaya yetecek düzeydedir ve bu harcamayı bütün gün hemen hemen sabit olarak sürdürür. Öte yandan, beynimizin şu anda bildiğimiz işlevlerini yapabilecek bir bilgisayar tasarlamaya kalkarsak, bu işleri beynimizin yaptığı gibi eş zamanlı yapacak bilgisayarın enerjisini sağlayabilmek için, irice bir kasaba büyüklüğünde bir nükleer enerji santrali kompleksine ihtiyacımız olurdu. Bu anlamda beynimiz, tüm biyolojik donanımımız gibi, enerji etkinliği son derece yüksek bir yapıdır.

DAHA FAZLA KALORİ ALMANIN DAHİYANE YOLU: PİŞİRME

İnsanın beyninin gelişim tarihine dönerek konuya birlikte bir göz atalım. Geçmişe doğru baktığımızda beyin hacminin aşırı bir hızla büyüme macerasının yaklaşık 1,5 milyon sene öncesinde oldukça ilerlediğini görürüz. Bulduğumuz kafatası kalıntılarından elde ettiğimiz bulgular, kafalarımızın o dönemlerde soylar boyunca ağır ağır, ama canlılık tarihinin bütünü açısından oldukça hızlı bir şekilde büyüdüğünü neredeyse tartışmasız bir şekilde gösteriyor. Elimizde az sayıda kanıt olsa da o dönemler için gözümüze çarpan ilginç bir özelliğin ateşin kullanılması olduğunu söyleyebiliriz. İnsanın yiyeceklerini pişirmeye başladığına dair ilk bulgulara da bu noktada rastlarız.

Pişirme; son derece girift moleküllerden oluşan canlı doku bileşenlerinin, vücudumuzda sindirim süreçlerine girmeden önce dışarıda kısmî olarak sindirilebilmesini sağlar. Yani "pişirme" dediğimiz işlem aslında bir "ön sindirme" işlemidir. Besinlerin, özellikle de et ve yağların sindirimi hem zaman alan hem de zahmetli bir süreçtir. Bunu pişirme ile kolaylaştırdığımız için, birim zamanda diğer tüm canlılara göre çok daha fazla miktarda enerjiyi bedenimizin ve dolayısıyla beynimizin kullanımına sunabiliyoruz. Dolayısıyla pişirmenin keşfi, nesiller boyunca büyüme eğilimine giren beyinlerin önündeki en büyük engeli de kaldırmış oluyor. Böyle olunca büyüyen bir beyni destekleyebilecek bir besin alımını da sağlamış oluyoruz.

Pişirme ortaya çıktıktan sonra ise özellikle eti pişirmeyi keşfetmek, etteki proteinlerden çok daha verimli şekilde istifade etmeyi mümkün kıldı. Bu proteinler, pişirilmiş sebzelerden elde edilen karbonhidratlar ve yine tüm diyetin hâkim unsuru olan yağlar; bugün bizi insan yapan yolda en önemli yakıtlarımız olacaktı...

Evrimsel mekanizmaların işleme mantığını tam olarak bilmiyorsak, buradaki ifadeler sebebiyle akla gelecek sorulardan biri doğal olarak şu olabilir: "Yani bolca mangal yapıp pişmiş et ve sebze yiyenlerin beyni daha mı büyük olur?" Buna cevabımız elbette hayır olacak... Evrimsel olarak insan beynini büyümek zorunda bırakan seçilim unsurları (mesela ellerini daha usta biçimde kullanarak daha verimli ve sofistike aletler yapabilmek, bireyler arasında sosyal iletişim kurabilmek gibi aslında beyin tabanlı yetilerin gelişimini zorunlu kılan şartlar), pişirme sonucu elde edilen yüksek kalori kaynakları sayesinde iş görebilmiş ve beyinlerin büyümesine zemin hazırlayabilmiştir. Fakat beynin büyümesi bireyler bazında değil; yüzlerce, binlerce, yüz binlerce nesil boyunca gerçekleşen dereceli bir süreçtir. Günümüzde et yemek elbette insan diyetinde önemli bir parçadır fakat sandığımız kadar değil (birazdan bu konuya da geleceğiz)...

TABİATIN "AÇIK BÜFE" SİSTEMİ

Büyük beyinli bir canlı olarak insanoğlu için beslenme konusu birinci derecede öneme sahip. Evet, yüz binlerce yıl önceki atalarımız pişirmeyi öğrenmişti ama burada atlamamamız gereken bir nokta var: O dönemlerdeki tabiat koşulları, atalarımıza her gün aynı beslenme imkanlarını sunmuyordu. Bugün şehirlerde yaşandığı gibi, atalarımızın aradığı yahut canının çektiği her şeyi her gün bulabilme imkânı elbette yoktu. Böyle bir durumda bir yiyecek bulduğunuz zaman yapılabilecek en iyi şey, onu mümkün mertebe hızlı bir şekilde ve bol miktarda vücudunuza katmanızdı.

Bulduğunuzu yemeliydiniz zira hem depolama imkân ve teknolojileri çok kısıtlıydı hem de bir gün sonrasında, o anda elinizde olan besini veya bir başka alternatifi bulabileceğinize dair bir garantiniz yoktu... Böyle bir ortamda beslenmesi gereken ve kalori ihtiyacı oldukça yüksek olan bir bedenin edinebileceği en verimli strateji, gelişmiş ve uzun açlık dönemlerinde ihtiyaçları karşılayabilecek bir depolama sistemine sahip olmaktı.

Bugüne dönüp türümüze baktığımızda, bedenimizin diğer tüm primatlara göre çok daha yağlı olmasının altında da bu stratejinin yattığını görürüz. Yağ doku bu anlamda mükemmel bir depodur ve uzun süreli açlık durumlarında enerji elde etmek için idealdir. Protein, karbonhidrat, yağ; ne alırsak alalım, bunların ihtiyaç fazlasındaki kısmının vücutta temel olarak depolanma şekli yağdır. Enerji ihtiyacımız olduğu zamanlarda bu özel depolarda biriken yağ molekülleri, özel enzim sistemleri aracılığıyla kimyasal olarak yakılırlar ve bu sayede bedenimiz ve beynimiz ihtiyaç duyduğu enerjiyi uzunca bir süreyle karşılayabilir.

ATALARIMIZ NE YERDİ?

İnsanlığa giden yol... Bu serüven yaklaşık 8 milyon yıl öncesine dayanan bir hikayeyle anlatılır. O dönemde yaşayan Ardipithecus adlı canlılar, insana giden primatlar yolunun ilk önemli kavşağı olarak bilinir. Ardipithecus, maymun (ape)[19] benzeri bir canlıdır (ama ortada henüz maymunlar da yoktur). Dişleri üzerinde yapılan detaylı incelemeler, bu canlıların daha ziyade meyveler, yemişler ve lifli bitkisel besinlerle beslendiklerini gösteriyor. Yaklaşık 14 milyon yıl önceye kadar uzanan kalıntılarını bulduğumuz Australopithecus cinsi ise yine insansı bir öncü varlık olarak benzer bir diyetle beslenmiş gibi görünüyor. Şu meşhur "Lucy" adlı dişi iskeletin bu cinse ait olduğunu biliyoruz.

Kabaca 1 buçuk milyon yıl öncesinden karşımıza çıkan Homo habilis'in ise ilk zeki ön-insan türlerinden biri olduğu düşünülüyor. Zira "habilis" sözcüğü "marifetli" anlamına gelir ve muhtemelen ateşin keşfi ve kullanımı bu atalarımızın yaşadığı döneme denk gelir. Homo habilis ayrıca basit taş âletler yapabilme konusunda da ilk marifetleri sergileyen insansı tür olarak bilinir. Ardından, hemen hemen eşzamanlı olarak Homo erectus adlı meşhur atasal insansı formun dünyaya yayılışını izliyoruz.

Türün adındaki "erectus", "dik olan" anlamına geliyor. Gerçekten de Homo erectus'un iskelet yapısı tam olarak dik yürüyen bir canlıyla karşı karşıya olduğumuzu gösteriyor. Ayrıca bu dönemde "avlanmanın başladığına" dair ilk işaretleri de görebiliyoruz. Homo erectus, şimdiye kadar dünyada en uzun süreyle hüküm sürmüş primat türü olarak sınıflandırılır. Bu tür, yaklaşık 1 bu-

19 "Maymun" kelimesinin kullanımı bu tip metinlerde biraz sorunludur. Zira Türkçe'de kuyruklu ve kuyruksuz maymunları ayıracak işlevsel kelimelerimiz mevcut değildir. İngilizce'de "monkey" kelimesi genellikle kuyruklu ve şu daldan dala atlayan daha küçük maymunları ifade ederken; "ape" kelimesi, kuyruksuz ve arada dik yürüyebilen "insansı" maymunlar için kullanılır. Dolayısıyla burada terim ve kavram karışıklığını biraz olsun önlemeyebilmek için genellikle "ape" yerine "insansı maymun" terimini tercih edeceğim.

çuk milyon yıl boyunca dünyada varlığını sürdürmüş; neredeyse modern insanın ortaya çıkışına kadar da hayatta kalabilmiş gibi görünüyor.

İlk dönemlerde, özellikle de H. Habilis ve öncesindeki insansıların, avlanmaya uygun âlet edevatları olmadığı için avlanamadıkları düşünülüyor. Ona göre bu canlıların doğrudan hayvan avlayarak et tüketme imkânları bulunmuyor. Fakat özellikle H. Habilis dönemlerinde kanıtlarını gördüğümüz beyin büyümesi, bu aşamada et yemenin zorunlu olduğunu düşündürüyor. Dolayısıyla akla en yatkın kuram, ilk başlarda insansıların "leş yiyiciler" olarak beslenmiş olmaları. "Leş yiyici" deyince diğer hayvanlardan arta kalmış, çürümüş leşler kastedilmiyor; zekâları gittikçe gelişen insansılar, muhtemelen diğer yırtıcı hayvanları çeşitli yöntemlerle korkutup kaçırmayı öğrenerek onların yeni avladıkları avları ele geçirmenin yollarını bulmuş olmalılar.

Avlanmanın özellikle H. Erectus sonrasında gündeme gelmesi ile insan diyetinin büyük oranda değişmeye başladığını da öngörebiliyoruz. Fakat insansılar ve insanlar, geçmişlerinin hiçbir döneminde tam olarak etobur bir canlı olarak var olmamıştır. Bugünkü bedenlerimizin de gösterdiği üzere ara sıra ve az miktarda et tüketip, çoğunlukla yağ ve lif ağırlıklı bir beslenme düzenini benimsemek, atalarımızın temel stratejisi olmuş gibi görünüyor.

Tabiatın atalarımıza et dışında sunduğu diğer yiyecekler ise bol miktardaki yemişler, yabanî meyveler ve diğer bitkisel kaynaklı besinlerdi. "Doğadaki meyveler" dediğimiz zaman, aklımıza hemen bugün tükettiğimiz elma, armut gibi meyveler geliyorsa orada biraz durmalıyız. Zira bugün yediğimiz o etli, sulu ve şekerli meyvelerin hiçbiri o zamanlar doğada bu haliyle mevcut değildi. Biz bunları yaklaşık 10-15 bin yıl öce başlayan tarım uygulamalarımız sırasında, binlerce senelik tecrübî ıslah yöntemlerimizle işledik. Böylece meyveleri son derece büyük, etli, şekerli ve verimli hale getirdik. Doğada bulunan atasal yabanî meyveler, deyim yerindeyse bugünün insanının "dönüp de bakmayacağı" derecede tatsız, küçük ve seyrek bulunan ürünlerdi. Bu küçük meyveler, bitkilerin çekirdekleri, bol nişastalı (ama muhtemelen bugünkülere kıyasla yine pek küçük) kökler, yapraklı ve lifli bitkiler ise muhtemelen diyetin büyük bölümünü oluşturuyordu.

En özet haliyle: Atasal diyetimiz, bugün bize miras kaldığı şekliyle az miktarda etle beraber bol yağlı, proteinli ve karbonhidratça fazla zengin olmayan bir beslenme rejimi gibi gözüküyor. Tabii ki her gün köşe başındaki kebapçıda gayet uygun fiyatlarla et yiyebilen günümüz insanına böyle bir beslenme rejimini hayal ettirmek artık biraz imkânsız gibi...

AÇLIK HALİ

Beslenebilmemiz için en önemli gerekliliklerden biri, açlık olarak adlandırdığımız histir. Açlık, aslında beynimizin oluşturduğu sübjektif bir duygulanımdır. Bedenimizdeki kimya-hormon sisteminin bir neticesi olarak zihnen ürettiğimiz, harekete geçirici bir duygudur. Ruh durumumuzu dahi çok yakından ilgilendiren açlık hissi, özellikle tabiatta hayatta kalmaya çalışan tüm canlılar için vazgeçilmez derecede gerekli bir histir.

Açlıkla ilgili mekanizma, beynimizin tam ortasında yer alan hipotalamus adlı karmaşık bölgede işler. Hipotalamus yaklaşık üç gram ağırlığında bir et parçasıdır. Ancak bu parça adeta bedenimizdeki tüm otomatik işlevler için orkestra şefi gibi çalışır. Açlık, tokluk hislerinin yanı sıra üşüme, terleme, kalp hızı ve kan basıncının düzenlenmesi, susama, ödül ve ceza hisleri, büyüme, metabolizma işlevleri gibi sayısız karmaşık süreci yürüten özel bölgelere sahiptir.

O küçük hipotalamus hacmi içinde onlarca farklı özelleşmiş sinir hücresi grubu yer alır ve bunların her birine "çekirdek" adı verilir. Hipotalamus çekirdekleri, hemen altında yer alan hipofiz bezi ile birlikte, bedenimizin otonom çalışan tüm sistemlerinin işleyişini en tepe noktadan düzenlemek gibi zorlu bir işin üstesinden gelir. Bu bölgelerdeki en ufak bir sorun, yaralanma yahut tümörleşme; beden işlevlerimizde son derece yıkıcı ve tamiri zor sorunlar yaratır.

Hipotalamusun en önemli işlevlerinden biri de bedenin kimyasal durumunu ve enerji depolarını kontrol etmektir. Elbette hipotalamus bu işi tek başına yapamaz. Bunun için çevre dokulardan salgılanan hormonlarla birlikte, kan kimyasındaki değişimleri ölçen özel beyin alıcıları işe karışır ve bunlar sürekli olarak hipotalamusun ilgili merkezlerine bilgi gönderir. Ağzımızdaki tat duyusu alıcılarından başlayarak, yemek borumuz, midemiz ve bağırsaklarımıza kadar sindirim sisteminin her bir noktası; boğazımızdan geçen yemek ve su gibi her ne varsa onunla ilgili olarak sürekli beynimize geri bildirim verir. Midemiz, bağırsaklarımız, karaciğerimiz ve yağ dokularımız başta olmak üzere, bedenimizin hemen her yerinden salgılanan çeşitli hormonlar, hipotalamusun bedende neler olup bittiğinden haberdar olmasını ve ona göre çeşitli duygulanımların oluşmasını tetikleyecek uygun tepkileri ortaya çıkarttırır. Bu sistemin en önemli habercileri, kan şekerimizi kontrol eden insülin, şekere ihtiyaç duyduğumuzda kandaki şeker miktarını artıran glukagon ve açlık hissinin uyarılmasını sağlayan ghrelin gibi beslenme ile ilgili hormonlardır.

Hipotalamustaki açlık ve toklukla ilgili bölgeler, doğuştan gelen temel bazı ayarlara sahip gibi gözükür. Ancak beslenme ve yaşam alışkanlıklarımız buradaki düzenleme mekanizmalarını oldukça belirgin şekilde değiştirebilir. Beslenme alışkanlıklarımız, bedenimizin sinyal mekanizmaları olan hormon ve diğer kimyasal habercileri köklü bir şekilde etkiler. Dolayısıyla, birçok otomatik ve bilinç dışı tepkimiz gibi açlık ve tokluk tepkileri de çoğunlukla deneyimlere bağlı olarak değişen, sübjektif hislerden kaynaklanır.

Bu "ayarlar", günümüzün dünyasında ve endüstriyel gıda ortamında alabildiğine bozuluyor; buna şüphemiz yok (nedenlerini birazdan açmaya çalışacağım). Fakat son derece basit davranış değişiklikleri ile orijinal ayarların tekrar devreye girmesini sağlamamız aslında gayet kolay. Eğer belirgin bir hastalık durumu ortaya çıkmamışsa ve sistem düzgün çalışıyorsa, özellikle beslenme açısından "fabrika ayarlarına dönüş" sanıldığı kadar zor, zahmetli ve masraflı bir süreç değildir.

Açlığa dönersek, bu his çoğumuz için genellikle rahatsız edici bir histir. Bizi huzursuz eder, evet. Hatta bazımızı sinirlendirir; daha gergin ve tepkisel bir duruma getirir. Daha önce değindiğimiz gibi bu nâhoş his, ironik şekilde hayatımızı sürdürmemiz için vazgeçilmez olan beslenmemizin de temelinde yer alır. Açlık bizim rahatımızı bozar, irademizi ele geçirir ve bizi besin aramaya zorlar. Geçmişte gıdaların market raflarında bulunmadığı, beslenmek için epey emek harcanması gereken zamanlarda, bu dürtüler atalarımızı hayatta tutan en önemli yardımcılardı.

Günümüzde artık gelir durumumuz ne olursa olsun, büyük bir çoğunluğumuz açlığa katlanmak zorunda değiliz. Hemen ağzımıza atarak "açlığımızı yatıştıracak" bir şeyleri hızlıca ve çok düşük maliyetle edinebiliyoruz. Bunu yapmak için de çoğumuz dayanılmaz bir istek duyuyoruz. Çünkü açlık hissi aynı zamanda hipotalamusta "cezalandırılma" ve "sinirlilik" tepkileri ile kol kola gidiyor. Hayvanlar âleminde yiyecek arama ve avlanma gibi davranışları ortaya çıkaran da işte bu karmaşık duygusal tepkilerdir. Huzursuz olmazsak yiyecek aramaz, lezzetli yiyecekleri elde etmek için bazen kilometrelerce koşmazdık. Yahut en azından atalarımız böyle yapamazdı. Zira biz bugün çok ama çok farklı bir ortamda yaşıyoruz.

Günde milyonlarca ton ekmeğin çöpe gittiği günümüzde; çok yüksek kalorili, bol şekerli ve bedenimizdeki haz mekanizmalarını hızlıca uyaran tonla gıda seçeneğimiz var. Kısacası, eğer özel bir şeyler yapmazsak, sıradan bir günde acıkma şansımız pek yok. Bununla birlikte, atalarımızdan "acıktığımızda yememek" gibi bir refleks bize miras kalmamış gibi görünüyor. Bugünlere gelene kadar, onlar ne buldularsa yemiş olmalılar. Çünkü onlar için hayatta kalmanın yolu buradan geçmekteydi. Fakat atalarımızın yiyecek bir şeyler bulamadıkları zamanlar da vardı. Hatta bu açlık zamanları, muhtemelen doğru dürüst beslenebildikleri dönemlere göre çok daha fazlaydı. Bundan dolayı, açlığa katlanabilen, hatta açlığı bedenleri için faydalı duruma dönüştürebilen uzak atalarımızın, diğer versiyonlara göre tabiatta çok daha avantajlı hale geldiğini söyleyebiliriz. Gerçekten de durum böyledir. Bunu söyleyebilmemizin en önemli nedeni, günümüz insanının açlık durumundayken vücudunda olup bitenler hakkında bildiklerimizdir. **Günümüzde yapay gıda üretiminin bu kadar yoğun olduğu bu ortamda unutulmaya yüz tutan açlık hissi, aslında**

bedenimiz için en faydalı ve ucuz iyileştirme yöntemlerinden birisi olabilir...

Açlık durumu yahut tıpta sıkça kullanılan İngilizce adıyla "fasting state", çok özel bir metabolik durumdur. Uzun süre, örneğin 7-10 saat kadar besin alınmadığı takdirde tetiklenen, hâlâ hemen her gün yeni bir bileşenini keşfettiğimiz karmaşık bir süreçtir. Bu hal, bugün insanlarda ya Ramazan ayındaki oruç gibi durumlarda yahut belli tedavilerde (kalorinin kısıtlanması sonucu vb.) görülen bir "iyileşme" süreci şeklinde işlev görür. Ancak günlük hayatta aşırı tüketim şansımız olduğu için bu iyileşme fırsatı genellikle pek sık yakalayamadığımız bir duruma dönüşür. Bu noktada fizyolojik yapımız hakkında öğrendiklerimiz, uzun süreli açlığın aslında bizim için ne kadar önemli bir fırsat olduğunu kanıtlar biçimdedir.

Uzun süre besin almadığımızda, öncelikle sindirim sistemimizde bir boşalma gerçekleşir. Sindirim kanalını oluşturan mide ve bağırsaklar, iç boşluklarında uzunca bir zaman sindirilecek besin maddesi bulunmadığında özel birtakım reflekslerle harekete geçer. Bunların bir kısmı hormonların salgılanmasını sağlayan hormonal refleksler, bir kısmı da fiziksel hareketlere neden olan kas refleksleridir.

Mesela bütün gün aç kaldığınızda "karnınızın guruldaması" muhtemelen tanıdığınız bir histir. Bu gurultu, mide ve bağırsaklarda ancak uzun açlık dönemlerinde başlayan ve "göçücü motor kompleks" (GMK; İng: MMC-migrating motor complex) denen özel bir hareket refleksinin sonucudur. GMK, açlık durumlarında başlar ve mideden on iki parmak bağırsağına, oradan da ince ve ardından kalın bağırsaklara doğru hareket eden büyük sıkılma-gevşetilme (peristalsis) kasılmalarını başlatır. Bu kasılmaların amacı; sindirim kanalında sindirilmeden kalan kemik, lif ve yabancı cisimlerin dışkıyla atılmaları için (adeta bağırsak duvarından kazınırcasına) sindirim sisteminin ileri bölümlerine iletilmesidir.

Söz konusu kasılmaların bir başka faydası da özellikle bağırsaklardaki bakteri birikimlerini engelleyerek, zararlı olabilecek bakterilerin aşırı üremesini sınırlandırmaktır. Bu hareket dalgaları ile sindirim sisteminin daha aşağı bölümlerine iletilen bakteriler, dışkı yoluyla bedenden atılır. Ayrıca bu safhada bağırsakların dış etkenlere çokça maruz kalan iç döşemeleri (mukoza) hızla dökülür ve yerine yeni ve taze hücrelerle kaplı yeni bir yüzey dokusu oluşturulur. Böylece sindirimin, bir sonraki yemeğin ardından daha kaliteli olması da sağlanmış olur. Bu açıdan baktığımızda, gün içinde açlık çekmeden, sürekli bir şeyler yiyen insanların bu işlevlerden faydalanması ne yazık ki pek mümkün olmaz...

AÇLIK VE YAĞLAR

Bedenimiz, açlık durumunda da hayatî organlara giden enerji miktarını sabit tutmak zorundadır. Eğer enerji yokluğu nedeniyle organlar işlevlerini kaybeder yahut azaltırsa, bunun hayat açısından ciddi bir sorun teşkil edeceği açıktır. Ona önlem olarak açlık hallerinde bedenin glikoz depoları devreye sokulur ve bunlar hemen parçalanıp kullanılmaya başlanır. İlk kullanılan depolar bu glikojen depolarıdır. Burada depolanan şeker molekülleri bedenin acil enerji ihtiyaçlarını hızla karşılar. Fakat daha önce de belirttiğim gibi glikojen depolarımız sınırlıdır. Bir havuç yahut patateste olduğu gibi "nişasta" şeklinde depolanmış glikoz depoları bizde bulunmaz. Onun için bu depolar açlığın ilk birkaç saatinde tükenir. Ardından devreye yağ yıkımı girer. Yahut girmesi gerekir.

Gerekir diyorum zira sürekli olarak karbonhidrat ağırlıklı beslenme alışkanlığı olanlarda, yağ parçalamayı sağlayan enzimler nadiren kullanıldıkları için faaliyet yeteneklerini yitirmeye başlar. Hal böyle olunca, açlıkta normal bir mekanizma olan yağ yıkımı devreye girmekte gecikir. Yağlardan gelen böyle bir enerji olmayınca, hızla düşen kan şekeri "el-ayak titremesi" gibi belirtilerle birlikte aşırı açlık hissini ortaya çıkartır.

Elbette aşırı açlık hissi sadece bununla ilgili değildir. Fakat kan şekerindeki bu âni düşüşler, hipotalamusumuzdaki açlık algılayıcıları için en önemli işaretlerin başında gelir. Böyle şiddetli açlık tepkilerinde ise açlığa dayanmak oldukça zor bir durumdur. İnsanlar genellikle bu noktadan sonra dirençlerini kaybederek alışkın oldukları şekilde tekrar yüksek kalorili, bol karbonhidratlı, hızlı doyum ve haz sağlayan besinlere yönelir. Bu döngü yıllar boyunca devam ettirildiği takdirde, maalesef bedenin milyonlarca yıllık tecrübeyle ayarlanmış açlık ve yağ yıkım ayarlarını darmadağın edebilme potansiyeline sahiptir.

YÜKSEK YAĞLI, DÜŞÜK KARBONHİDRATLI (YYDK) BESLENME

4 Eylül 2016 tarihinde İstanbul Galatasaray Üniversitesi bahçesinden iki bisikletçi arkadaşımızı ilginç bir bisiklet turu için uğurlamıştık. Dinçer Özoran ve Arman Buldaç, Galatasaray Üniversitesi Vakfı'na burs bağışı toplamak amacıyla İstanbul'dan Paris'e toplam 50 gün sürecek 3000 kilometrelik bir bisiklet yolculuğu gerçekleştirdi. Bu harika faaliyetin her gününü internetten canlı olarak binlerce kişiyle birlikte biz de büyük bir heyecanla adım adım takip ettik. Fakat tur başarıyla tamamlanıp arkadaşlarımız yurda döndüğünde, Türkiye'nin değişik yerlerinde verdikleri seminerlerde ilginç bir konunun hep ön plana çıktığına şahit olduk. O da Dinçer ve Arman'ın yol boyunca nasıl beslendikleri konusuydu.

Meseleyi ilginç yapan öykü, bir bilgisayar mühendisi olan Dinçer Özoran'ın uzun zamandan beri "paleo-diyet" ve yüksek yağlı, düşük karbonhidratlı beslenme konusuna meraklı bir uygulayıcı olmasıydı. Bu tura çıkmadan önce de kendisiyle bu konuda defalarca görüş alışverişinde bulunmuştuk.

Arman ise gayet normal beslenen, sporla içli dışlı ve oldukça sağlıklı bir bisiklet tutkunuydu. Onlar döndükten sonra öğrendik ki; yolculuğa çıkmadan önce Dinçer, Arman'a, kendisinin yıllardır uygulandığı "düşük karbonhidrat, yüksek yağ" tarzı beslenmeyi önermiş. Arman da zaten böyle sıra dışı bir yolculuğa niyetlenmişken değişik bir şey daha denemenin psikolojik cazibesiyle bunu kabul etmiş.

Neticede, bütün öğünlerinde ara sıra yedikleri meyveler dışında neredeyse hiç karbonhidrat almayan ikili; bu yolculuk boyunca ağırlıklı olarak tereyağı, zeytinyağı, yumurta ve et ürünleri olmak üzere, yağ ve proteince zengin, karbonhidrat açısından ise oldukça fakir bir diyetle o zorlu parkuru tamamladı.

Döndüklerinde elbette herkesin ilgisini çeken bu yolculuk, her ikisinin birlikte verdikleri çok sayıda seminere de konu oldu. Üniversitelerde ve diğer kuruluşların organizasyonlarında insanlarla bir araya gelen Dinçer ve Arman, yolculuklarına dair sunumlarında bu zorlu yolculuğun bazı anıları kadar beslenme maceralarının sonuçlarından da uzun uzun dem vurdu. Özellikle Arman, bu turun öncesinde normalde günde 30-40 kilometre bisiklet sürdükten sonra muhakkak bir şeyler yeme ihtiyacı hisseden, hepimizin tahmin edebileceği gibi sıklıkla tatlı protein barları gibi hızlı enerji veren besinleri tüketme alışkanlığı olan bir sporcu. Fakat bu yolculukta onun en fazla hayret duyduğu deneyim, günde ortalama 100 kilometreye yakın pedal çevirmelerine rağmen her ikisinin de hem bedensel güç hem de acıkma anlamında sıra dışı bir performans göstermeleri olmuş. Arman sunumlarda, ilk başlarda bu durumu çok yadırgadığını, bu kadar uzun süre sabit bir güçle nasıl böyle bir performans sergileyebildiğine şaşırdığını anlatıyordu. Dinçer ise zaten bu tip beslenme tarzını hayatına yerleştirmiş olduğundan, bu hediyeyi diğer insanlarla da paylaşabilmenin memnuniyetini yaşıyordu.

Gerçekten de bedenimizin ve beynimizin karbonhidrat bağımlılığından kurtulup yağ tabanlı bir beslenmeye geçiş yaptığımızda, yağ metabolizmasının uzun süreli ve kararlı enerji sağlama özelliği sayesinde gerek zihinsel gerek bedensel performansımızda çoğu zaman hissedilir bir iyileşme meydana gelir. Özellikle yoğun beden faaliyetlerine dayalı işleri olan yahut spor yapan insanlarda "bol karbonhidrat alma gerekliliği" gibi yerleşmiş bir boş inancın varlığı maalesef hem zihinsel hem de bedensel olarak bu insanların imkanlarından istifade etmelerini kısıtlıyor.

Yağ ve protein ağırlıklı beslenme (insanların büyük çoğunluğu için) fabrika ayarlarımızla en uyumlu beslenme tarzı olduğundan, modern alışkanlıklarımızın performansımızı ne kadar etkilediğini çoğu zaman fark edemeyebiliyoruz. Yağ metabolizması üzerinden enerji elde eden bir insan bedeni, yağların ve özellikle de keton cisimciklerinin yavaş ve uzun süre enerji sağlama özelliği nedeniyle çok daha uzun süre optimal enerji elde edebilir ve işlevlerini kesintisiz olarak sürdürebilirler. Bu konuda Prof. Canan

Karatay'ın "Karatay diyeti" olarak da bilinen beslenme önerilerinin yanı sıra, internette bol miktarda bulabileceğiniz "yüksek yağ düşük karbonhidrat *(YYDK) - High Fat Low Carb (HFLC)*" diyet önerilerini de gönül rahatlığıyla deneyebilirsiniz.

Küçük bir uyarı: Öncelikle bu tip radikal beslenme değişikliğine gitmek için (yüksek tansiyon, kronik şeker hastalığı, tiroit bezi problemleri, kemik-kalsiyum dengesizlikleri gibi) metabolizma yahut hormon sistemiyle alakalı sorunlarınızın olmaması önemlidir. Gerçi neredeyse tüm metabolik sorunlarda böyle bir diyet değişikliği çok olumlu sonuçlar verse de bu tip durumlarda böyle bir değişikliğe girişmeden önce mutlaka doktorunuzla istişare halinde olmanız ve süreç boyunca muhakkak normalden daha sık tıbbî kontrolden geçmeniz gerekir. Ayrıca, "normal" yani geleneksel beslenme tarzlarına alışmış olan birçok bedende böyle köklü bir değişiklik genellikle ilk etapta bazı huzursuzlukların da yaşanmasına neden olabilir. Bu huzursuzlukların en önemli kaynağı, YYDK tipi bir beslenmeye geçilen ilk süreçte sıklıkla yaşanan ve bedenimizin "karbonhidrat bağımlılığı"ndan kaynaklanan "yoksunluk" tepkileridir.

Karbonhidratlar, daha önce de bahsettiğim gibi, özellikle şekerli gıdalar halinde sıklıkla tüketilmekteyse, beyindeki ödül sistemini aşırı uyarması ve tat duyumuzun temel ayarlarını değiştirmesi nedeniyle çoğumuzda belirgin bir bağımlılık yaratır. Âni bir şekilde karbonhidrat alımını belirgin düzeyde azaltmak yahut kesmek, bu nedenle hemen tüm bağımlılıkların ortak özelliği olan yoksunluk belirtilerinin de ortaya çıkmasına neden olabilir. Böyle beslenme değişiklilerinde ilk hafta içinde genellikle aşırı açlık nöbetleri, fazla sinirlilik, baş ağrısı ve çeşitli aşırı duyarlılık tepkileri gibi durumların ortaya çıkması sıklıkla gözlemlenebilir. Bunların tamamı, bedenimizin ve beynimizin alışmış olduğu konfor ve haz geleneklerinin dışına itilmesi ve buna ürettiği bazı bedensel (somatik) tepkilerdir. Bunların süresi genellikle on günlük bir dönemi geçmez ve bunlarla baş edebilmek için bazı basit davranışsal çözümler genellikle yeterli olur.

Sık yapılan bir öneri; özellikle ilk haftada aşırı sinirsel duyarlılık ve baş ağrıları gibi sorunları en aza indirmek için normalde tüketilen miktardan biraz daha fazla tuz tüketmek yani öğünleri biraz daha tuzlu yemektir. Zira bu sorunların bir kısmı değişen besin içeriğine bağlı olarak bedenin sodyum ve potasyum dengesindeki oynamalarla ilgilidir ve bunu asgariye indirmenin en iyi yolu da tuz alımı yoluyla bedene sodyum ve klor desteği yapmaktır. Bunun dışında hafif egzersizler, düzenli uyku ve fazla gergin ortamlardan uzak durmaya çalışmak da bu ilk haftaki yoksunluk sorunlarının en aza indirilmesine belirgin düzeyde yardımcı olacaktır.

YYDK tipi diyetler; günlük alınan karbonhidrat miktarının üçte bire kadar düşürülmesi ve bol miktarda sağlıklı yağlar, lifli yiyecekler ve protein içeriği zengin gıdalarla beslenmeye dayanır. Böyle bir beslenme tarzı değişikliğinden yaklaşık en fazla iki hafta sonra beden ve zihin performansınızdaki değişimleri hayretle müşahede edeceksiniz. Şaşırmayınız zira biraz zaman alsa da "insanın fabrika ayarları"na uygun hale geçmenin rahatlığı bir başkadır!

KETO VE YYDK DİYETLERİ ARASINDA NE FARK VAR?

KETO-Diyet olarak da bilinen ve kanda keton cisimciklerinin miktarını artırmaya yönelik uygulanan beslenme rejimleri, temelde aynı mantığa dayanır. YYDK beslenme sisteminden tek farkı, karbonhidratların diyetten neredeyse tamamen çıkarılmasıdır. Genel bir formül olarak her bir gram karbonhidrat başına 3-5 gram yağ tüketimi yapılması önerilir. Bu tip diyetler, ilaca dirençli çocuk epilepsi rahatsızlıkları gibi özel durumlarda sıklıkla uygulanan bir beslenme yöntemidir.

24 ila 48 saatlik bir açlık (oruç) döneminin ardından genellikle hastanede gözetim altında başlatılan ketojenik rejim, karbonhidrat alımı neredeyse hiç olmadığından dolayı, kanda keton cisimciklerinin miktarını hızla artırır. Bu da sinirsel dokunun şekerden elde ettiği keskin ve hızlı üretilen enerji yerine, bu yağ parçacıklarından daha uzun süre düzenli ve yaygın bir enerji üretimine geçişlerini kolaylaştırır. Epilepsi gibi durumlarda bu tarz beslenme rejimlerinin nöbet sıklığını azaltması muhtemelen enerji metabolizmasındaki bu kaymadan kaynaklanır. Bu diyet, ilaca dirençli epilepsiden mustarip çocukların neredeyse yarısında, nöbet sık-

lıklarını belirgin derecede azaltır ve yaklaşık %10-15 kadarında nöbetlerin tamamen kesildiği dahi gözlenebilir.

Benim için ilginç olan husus, birçok yan etkisi olan tıbbî epilepsi ilaçlarının yaygın olarak ve çok az tereddütle reçete edilmesi bir vakıa iken, bu tip bir "diyet"e geçişin ancak "son çare" olarak görülmesi ve genellikle birçok hekimin sadece bir beslenme değişimi olan bu uygulamadan "normal" kişiler için refleks olarak uzak durmaya çalışmasıdır. Bilinen bir zararlı yan etkisi olmayan ketojenik diyetler, kanda keton cisimciklerini artırmanın yanı sıra çok uzun süre uygulandıklarında yüksek kan kolesterolü, böbrek taşı oluşumunda artış gibi yan etkiler yapabilir. Fakat özellikle farmakolojik ilaçların olası yan etki listesi ile karşılaştırıldığında, "yağ tabanlı beslenmenin" neden bu kadar uzak görüldüğünü de bir düşünmek gerekiyor sanki.

İnsanlara bu tip tavsiyeler verdikten sonra her seferinde "Siz yine de bir uzmana yahut doktorunuza danışın." derim ama bunu yaparken içim hiç rahat değildir. Zira insanın gerçek bedensel ayarlarından çok, modern bilimsel ve farmakolojik tıbba odaklanmış doktor ve sağlık çalışanları yetiştirmemiz nedeniyle birçok insan böyle girişimlerden bizzat "uzmanlar" tarafından vazgeçiriliyor...

"Yağın faziletleri" olarak özetleyebileceğim bu kısımdan sonra isterseniz açlığın diğer mekanizmalarına da bakalım. Açlık durumunun sadece kan şekeriyle yahut besin maddelerinin bedendeki dağılım oranıyla ilgili olmadığını vurgulamıştım. Açlık halinde bedende miktarları artan bir dizi hormonu ve onların etkilerini anlamak da açlık ve sağlık ilişkisini kavramak açısından çok önemlidir. Şimdi tamamen kitabî bilgilerden yola çıkarak bu "açlık hormonlarını" ve etkilerini kısaca tanıyalım:

AÇLIK HORMONLARI

1. İnsülin

İnsülin, pankreasımızdaki "beta" hücreleri denen bir grup hücreden salgılanan ve temel işlevi "depolamak" olan bir hormondur. Normal bir yemekten sonra sindirim süreçlerine bağlı olarak kan şekerimiz yükselir ve bu fazla şeker, pankreasımızdaki beta hücrelerini uyararak insülin hormonunun salgılanmasını sağlar. İnsülinin temel işlevi ise kandaki şekerin, başta karaciğer olmak üzere vücuttaki birçok doku hücresi tarafından kandan çekilerek glikojen veya yağ biçiminde depo edilmesini sağlamaktır. Ayrıca insülin salgılandığında, yağ dokularımızı oluşturan yağ dolu hücreler, yağları parçalamayı durdurur. Bu işlevlerin hepsi, fazla besin maddelerini "depolamak" anlamına gelir. Bu ayarın bozulması gerek kalıtsal faktörler gerekse beslenmeye bağlı etkenler nedeniyle sıklıkla karşımıza çıkan bir dizi soruna yol açar.

Fazla karbonhidrat alımı durumunda insülinin fazla hızlı salgılanması söz konusu olur. Bu hızlı salgılanma ise kan şekerini daha âni olarak düşürür. Ardından doğal olarak yeni bir açlık hissi gelir zira dolaşımdaki şeker miktarı âniden düşmüştür. Buna yanıt olarak genellikle yeniden bir şeyler yenir. Böylece insülin tekrar salgılanır ve yine yükselmekte olan şekeri normale indirmeye çalışır. Bu da yine açlık anlamına gelir... Döngü bu şekilde tekrarlandıkça, özellikle besinlerin arasında "glisemik indeksi yüksek" (yani kısa zamanda kanda çok miktarda şeker ortaya çıkmasını sağlayan) şekerli yahut işlenmiş karbonhidratlı olanlar fazlaysa, zamanla pankreasın insülin salgılamaktan sorumlu beta hücreleri harap olmaya başlar. İşte bu durum, insülinin artık yeterince salgılanamadığı Tip-1 diyabet adını verdiğimiz durumu ortaya çıkarır. Halk arasında "şeker hastalığı" olarak bilinen hastalıklar grubuna ait bu sorun, kanda şekerin sürekli yüksek kalması sonucunda ölümcül olabilecek sorunlara neden olur.

Tip-2 olarak adlandırılan diyabette ise insülin salgılanımı normaldir ancak dokular insüline yanıt verip depolama işlemini yapamaz. Burada sorun, "insülin direnci" dediğimiz bir meseleye dayanır. Kimyasal bir haberci olan insülin, hücredeki "antenlerine" doğru bir şekilde etki edemediğinden, hücreler gerekli mesajları alamaz. Fazla kilolu ve bedensel hareketi düşük düzeyde olan birçok insanda, insülinin aşırı yüksek olmasıyla kendini gösteren bu tip durumlar sıklıkla teşhis edilir. Ayrıca sürekli açlık hali de bu hormonun fazla salgılanmasının en önemli etkilerinden birisidir.

Bu tip durumların önlenebilmesi için en pratik çözüm, gıdalarla alınan karbonhidratları en aza indirmek, özellikle meşrubatlarda ve işlenmiş ürünlerde tatlandırıcı olarak bolca kullanılan fruktoz adlı şekerden uzak durmaktır. Fruktoz, glikoz gibi bir şekerdir fakat insülin direnci oluşmasında en önemli etkenlerden biridir. Bol proteinli, düşük karbonhidratlı ve yağlı beslenme, özellikle de deniz ürünlerinde bolca bulunan Omega-3 ve Omega-6 tipindeki yağ asitlerinin tüketilmesi; insülin direnci ile insüline bağlı bozuklukların önlenmesinde ve tedavisinde çok etkilidir. Bir başka doğrudan etkili önleme ve erken tedavi yöntemi de günlük rutin fiziksel egzersizlere ağırlık vermektir. Düzenli egzersiz, insülin miktarını ve kan şekerini doğal ve çok etkin bir şekilde normale döndürür.

2. Leptin

Yağ dokularımızdaki hücrelerden salgılanan leptin hormonu, beynin en önemli tokluk sinyallerinden biridir. Yağ dokuları, yağ depolama miktarlarını belli bir seviyeye ulaştırdıklarında leptin salgılayarak beyni, özellikle de hipotalamus bölgesini "bilgilendirirler". Kan dolaşımına verilen leptin, beyne ulaştığı zaman açlık hissini baskılar ve fazla yemeyi engeller. Aslında bir "tokluk" hormonu olan leptin, modern yaşam alışkanlıklarımızın getirdiği bozulmuş beslenme alışkanlıklarımız nedeniyle fazla kilo ve aşırı yeme sorunlarımızın temelinde yer alan hormonlardan biri olarak karşımıza çıkar. Leptin direnci; aşırı kilolu, hipotalamusunda iltihabî sorunlar olan, aşırı hareketsiz ve insülin düzeyleri kronik olarak yüksek kişilerde sıklıkla görülen bir durumdur. Leptin direncinde beyindeki tokluk sistemi, leptine yanıt vermez ve bu kişiler yemek yerken doymak bilmezler. Bu da aşırı kilo almaya sebebiyet vermesinin yanı sıra diğer hormonlarla da bağlantılı birçok sağlık sorununu tetikleme riski taşır.

Leptin direncine neden olan en yaygın üç faktör; uyku bozuklukları, hareket azlığı ve hipotalamus enflamasyonudur (iltihaplanmasıdır). Bu durumların önüne geçmek için bolca uyumak, uyku düzenine dikkat etmek, düzenli egzersiz yapmak ve antienflamatuar (iltihap engelleyici) yiyecekler seçmek önemlidir. Özellikle ayçiçek yağı gibi tohum yağlarının iltihabî tepkimeleri artırdığını biliyoruz. Zeytinyağı, balık yağı ve tereyağı gibi sağlıklı yağlar; iltihap oluşumunu azalttıkları bilinen yağlardır. Bu arada düzenli egzersiz yapmak yine aynen insülin direncinde olduğu gibi leptin direncinde de hızla düşüş sağlar ve leptin sisteminin düzenli çalışmasına yardımcı olur.

3. Ghrelin

Açlık durumunda başlıca olarak mide duvarındaki özel hücreler tarafından salgılanan ghrelin, midemiz dolduğunda salgısı azalan bir hormondur. Bu salgılanma döngüsü, ghrelinin bir "açlık" hormonu olduğunu da açıkça gösterir. Midenin boşalması ghrelin salgısını artırırken, beyindeki hipotalamus bölgesindeki açlık tepkilerini de tetikler. Fakat bu hormonun etkileri bununla sınırlı değildir. Ghrelin seviyeleri yüksekken, beynimizde yeni hücre üretiminde artış görülür. Ghrelinin dikkati ve uyanıklığı artırması da bildiğimiz diğer etkilerindendir.

Ghrelinin sinir sistemindeki etkileri üzerine son yıllarda yapılan çalışmalar etkilerinin sandığımızdan çok daha fazla olduğunu göstermeye devam ediyor. Açlık durumlarında salınımı artan ghrelinin; "hücrelerin intiharı" anlamına gelen apoptozis süreçlerini durdurarak sinir hücrelerini koruduğu, iltihabî tepkimeleri (enflamasyonu) iyileştirdiği, birçok metabolik sistemimiz için zararlı etkileri olan serbest oksijen radikallerinin etkilerini azalttığı, hücrelerin enerji santralleri olan mitokondrilerin daha verimli çalışmasını sağladığı, yeni sinir hücreleri yapılmasını sağlayan öncü kök hücrelerin hareketliliğini ve yeni hücre üretme yeteneklerini artırdığı, inme ve travmatik beyin hasarı gibi durumlarda belirgin düzeyde koruyucu ve iyileştirici etkilerinin olduğu, hafızayı güçlendirdiği ve genel beden sağlığı üzerine başkaca sayısız faydalı etkileri olduğu tıbbî çalışmalarla ortaya çıktı.[20] Kısacası yine evrimsel bir perspektiften bakacak olursak açlığa sadece katlanabilen değil, açlığı apaçık bir faydaya ve fırsata dönüştürebilen ataların torunları olduğumuz sadece bu verilerden bile açıkça görülebilir.

---

20 Jiao ve ark. (2017) The neurological effects of ghrelin in brain diseases: Beyond metabolic functions. Neurosci Biobehav Rev. doi: 10.1016/j.neubiorev.2016.12.010.

Birçok aşırı kilolu hastada ghrelin düzeyinin sürekli olarak normalin üzerinde seyrettiği ve böylece açlık sinyalinin bir türlü kesilmediği rapor edilmiştir. Bu durum da yine örneklerini daha önce de gördüğümüz ve maalesef bolca görmeye devam edeceğimiz "fabrika ayarlarının bozulması" sorunu ile ilgilidir. Bu durumdan kaçınmak için yine düzenli egzersiz ve özellikle beyaz şeker ve un gibi karbonhidratlardan kaçınılması; mideyi çok az miktarda şişirmesine rağmen aşırı şeker almayı mümkün kılan şekerli ve gazlı meşrubatlardan uzak durulması akıllıca olacaktır.

4. Glukagon Benzeri Peptid-1 (GLP-1)

Aldığımız besinler midemizden bağırsaklarımıza geçtiğinde, midede ghrelin hormonunun yaptığı işlevin bir benzerini bağırsaklarda GLP-1 hormonu yapar. Bağırsak hücrelerinden salgılanan GLP-1, kan dolaşımına girerek beyne ulaşır ve normalde "doyma" sinyalinin oluşmasını sağlar. Özellikle hatalı beslenmeye bağlı olarak bağırsaklarımızdaki bakteri örtüsünün değişmesi ve diğer başka faktörlerden kaynaklanabilecek iltihabî bağırsak reaksiyonları, GLP-1 salgısını azaltarak bu ikincil doyma sinyalinin beyne ulaşmasını engelleyebilir. Bu durumda GLP-1 salgısını artırmak ve normal düzeye getirmek için yine öncelikle iltihabî reaksiyonu önleyecek bir beslenme yahut müdahale şarttır. Bunun için en kestirme yol; bol miktarda faydalı bakteriler içeren yoğurt, turşu, ekşi lahana turşusu gibi probiyotik gıdalara yahut besinlerin sindirilemeyen lifli kısımlarından oluşan prebiyotik liflere (salata ve kabuklu elma gibi) öğünlerimizde bolca yer vermektir.[21]

İltihap engelleyici bir başka önemli doğal çözüm ise Omega-3 yağ asitleri açısından zengin balık, susam gibi gıdalardır. Ayrıca protein yönünden zengin gıdalar da GLP-1 salgılanmasında artırıcı etki yapar. Elbette yapraklı yeşil sebzelerin tamamı yine GLP-1 eksikliğini tamamlamak için ideal öğün bileşenleridir.

---

21 Probiotik: Sağlık üzerinde olumlu etki yaptıkları düşünülen mikroorganizmalar. Prebiyotik: Sindirilemeyen fakat kalın bağırsaktaki bakterilerin gelişmesini veya faaliyetlerini seçici olarak arttıran ve böylece insan vücudu için faydalı olan gıda bileşenleri.

5. Kolesistokinin (CCK)

Özellikle yağlı yemeklerden sonra ince bağırsaklarımızdan salgılanan bir hormon olan CCK, safra kesesinin kasılmasını sağlar. Böylece safra kesesi bağırsağa boşaltılır ve aldığımız yağların sindirimi mümkün hale gelir. Bunun yanında kan dolaşımıyla beyne ulaşan (ve aynı zamanda beyindeki hücreler tarafından bir haberci olarak da salgılanan) CCK, doyma hissini artırarak daha fazla gıda alımını engelleme özelliğine sahiptir. Bir başka özelliği de mide boşalmasını geciktirerek bağırsakların çok miktarda sindirilmemiş ürünle dolmasını engellemektir.

Ciddi bir sindirim sistemi sorunu olan hassas bağırsak sendromu (irritable bowel syndrome) gibi durumlarda CCK seviyesi iyice fazlalaşarak beyinden prolaktin, ACTH ve kortizol gibi stresle alakalı hormonların salgılanışını artırır. Bunlar da doğal etkilerinden dolayı beslenme düzenini bozar ve kan şekerini yükseltir. Yaşanan bu gelişmeler kişide sık acıkmaya ve buna bağlı olarak da beslenme dengesinin bozulmasına neden olabilir. Bu tip durumlarda olası gıda alerjilerinin veya sindirim faaliyetlerini etkileyen stresli durumların önüne geçilecek önlemler alınması için uzmanlara danışılması önemlidir. Evde alınabilecek tedbirler arasında en başta gelenler; çiğ besinlere ağırlık vermek, yüksek proteinli gıdalarla beslenmek ve yine probiyotik ile prebiyotik alımına dikkat etmek şeklinde sıralanabilir.

6. Peptid YY (PYY)

Sindirim sisteminden salgılanan bir başka tokluk mesajı olan PYY, hipotalamusa ulaştığında iştahı azaltıcı etki yapar. İnsülin direnci ve kan şekerinin sürekli yüksek olduğu durumlarda salgısı azaldığı için beyinde tokluk mekanizmasının devreye sokulmasında yine sorunlar ortaya çıkar. PYY hormonu düzensizliklerinde alınacak ilk önlemler, insülin direnci konusundaki ile aynıdır: Düzenli egzersiz, düşük glisemik indeksli gıdalarla beslenme ve alınan toplam karbonhidrat miktarını azaltma. Ayrıca protein ve lifli gıdaların bolca alınması PYY salgısını düzenleyen en önemli etkenlerdir.

7. Nöropeptid Y (NYP)

Beyinde salgılanan ve birçok farklı işlevi olan NYP hormonu, beslenme ile ilgili olarak karbonhidratlara duyduğumuz iştahımızı belirleyen en önemli hormonlardan biridir. Stres durumlarında bu hormonun salgılanması artar ve bu nedenle çoğu kişide strese bağlı aşırı yeme reaksiyonları gelişebilir. Tepkilerin kişiden kişiye değişmesiyle birlikte, duyarlılığı yüksek kişilerde NYP artışında normalden daha fazla şekerli ve karbonhidratlı besinler tüketme yönünde bir dürtü ortaya çıkar.

Evrimsel olarak bu anlaşılabilir bir nedene dayanır: Stres koşulları ile baş edebilmek için bedenin yakın bir zamanda enerji ihtiyacının artması olasıdır ve bunun için önden birikim yapacak bir mekanizma oldukça avantajlı olabilir. Fakat çağımızın "gündelik stres" koşullarında, stres unsurlarının çok azı hayatta kalma veya savaşma-kaçma tepkileri ile doğrudan ilişkilidir. O nedenle bu antik hormon mekanizması bugün aşırı yeme ve fazla kilo sorunlarının temel sorumlularından birisi olarak karşımıza çıkar.

Açlık durumu ve oruç da NYP salgısını artırır. Fakat tekrarlanan ve âdet haline gelen açlık uygulamaları sonucunda, salgısı tekrar normale döner. NYP kökenli karbonhidrat yeme krizlerinin en önemli çarelerinden birisi "aralıklı oruç" (intermittant fasting) dediğimiz uygulamalardır. Bu uygulamada sabah 10.00'a kadar bir kahvaltı yapıldıktan sonra akşam 18.00 sularına kadar gıda alınmaz. Böylece ilk başlarda sertçe hissedilse de NYP kaynaklı açlık hissi birkaç gün içinde normale döner ve kontrol edilebilir hale gelir.

8. Kortizol

İleride stresle ilgili bölümümüzde de detaylı inceleyeceğimiz gibi, stres durumlarına cevap olarak böbrek üstü bezlerimizden salgılanan kortizol, etkileri oldukça karmaşık ve tıbbın ana konularından birçoğu ile doğrudan irtibatlı olan bir hormondur. Etkileri arasında kan şekerini yükseltmek, bağışıklık sistemini baskılamak ve beyni uyarmak ilk sıralarda yer alır. Bu etkiler kısa süren (akut) stres durumlarında oldukça faydalıdır zira bedenin ve beynin o stres ortamını bertaraf edebilmesi için gereken ilave enerjiyi sağlamaya yardımcı olur. Fakat uzun süre devam eden (süreğen-kronik) stres durumlarında işler tersine döner. Süreğen şekilde görülen yüksek kortizol seviyeleri aşırı yemeye ve (özellikle kadınlarda) göbek bölgesinde yağlanmaya neden olur. Bunun önüne geçmek için ilgili bölümde de konuşacağımız meditatif pratiklerle stresi yönetmeyi öğrenmek faydalı olacaktır. Baş edilemeyen stres durumlarında duyusal geri bildirim (neurofeedback) gibi ilave teknikler de yardımcı olabilir. Bunun yanı sıra hem dengeli hem de protein, yağ ve lif içeren besinlerle beslenmek önemlidir.

9. Dopamin

Beynimizin "ödül kimyasalı" olarak bilinen dopamin, hoşumuza giden her durumda salgılanarak o faaliyetin bir daha tekrarlanmasını sağlayan kimyasal bir işaretleyici gibi işlev görür. (Bu hususla ilgili daha detaylı bilgi için *Değişen Be(y)nim* adlı kitabıma başvurabilirsiniz). En fazla dopamin salgıladığımız faaliyetlerin başında gelense yemek yemektir. Beynimizde, beyin sapı ile ön beyin arasında yer alan ödül devresinin önemli bir bileşeni olan dopamin sadece yemek yerken değil, sigara ve alkol gibi her türlü madde bağımlılığında veya alışveriş, kumar yahut pornografi gibi davranış bağımlılıklarında da başrolü oynar.

Günümüzde aşırı besin alımının en önemli nedenlerinden birisi "karbonhidrat ve şeker bağımlılığı"dır. Çünkü doğada çok az bulunan karbonhidratlara karşı beynimiz özel bir iştiyak mekanizması ile donatılmıştır. Bugün karbonhidratları her yerde ve her biçimde bulabildiğimiz için bu atasal devrelerimiz savunmasız bir şekilde şekere ve karbonhidratlı besinlere bağımlılık geliştirebiliyor. Özellikle ülkemizde "ben ekmek yemeden doymam" şeklinde ifade edilen his, ekmekteki karbonhidrat içeriğine karşı olan bağımlılığımızın açık bir ifadesi.

İşlenmiş gıdalar ile şeker ve karbonhidratlar, beyinde bol miktarda dopaminin salgılanmasına neden olur. Bunların yokluğunda ise "zihinsel bir tatmin" sağlamak, bağımlı olanlar için oldukça zordur. Halbuki birkaç gün boyunca bu gibi besinleri diyetimizden çıkartabilirsek, dopamin düzeyi hızlı bir şekilde normale dönecektir. Unutmamak gerekir ki dopamin kaynaklı bağımlılıkları mâkul bir süre mücadele etmeden ortadan kaldırmak çok zordur.

SAĞLIKLI BESLENMENİN KISA YOLU

Buraya kadar özetlemeye çalıştığım hormonlar ve mekanizmalar, açlık-tokluk reflekslerimizin beslenme biçimimizle ne kadar ilişkili olduğunu bir kez daha gözler önüne seriyor. Doğuştan gelen yahut başka patolojik durumlara bağlı bir sorunumuz yoksa, yaşam alışkanlıklarımızdan gelen bu bozucu etkileri en aza indirmenin kestirme bir yolu elbette var. Bu yol ise sandığınız gibi diyet yapmak değil, beslenme tarzımızı kalıcı olarak değiştirmektir.

Eminim bu satırları okuyan birçok kişi ilerleyen sayfalarda bir diyet listesi bulmayı umuyordur ama çok şükür ki böyle bir şey yok. Zira "sizin" sağlıklı olabilmeniz için, "size uygun bir beslenme rejimini" kendinizin keşfetmesi gerekiyor. Bunun için de birtakım sade İFA kurallarını bilmeniz önemli tabii. Bu hususta aşağıda sağlıklı beslenmeyle ilgili birkaç basit kuralı not düşmek isterim:

1. Ağırlıkla, kiloyla, sayıyla sağlık olmaz. Kilonuzdan önce sağlığınızı ve yeme alışkanlıklarınızı düşünün.

2. Tabiatta bizim tükettiğimiz şekliyle mevcut olmayan her besin maddesi, tüketilmesi halinde belli bir "metabolik bedelle" tüketilir, bunu unutmayın.

3. Bedeniniz biliyor! Yemek yedikten sonra bedeninizi dinleme alışkanlığı geliştirin. Herhangi bir gıdayı tükettikten 2-4 saat sonra neler hissettiğinize dikkat ederseniz o gıdaların sizde nasıl bir tepkimeler dizisi ürettiğine dair açık bir fikir edinebilirsiniz.

4. Tam olarak acıkmadan yemeyin.

5. Her öğünden 3-5 saat sonra hissedilen ve çoğu insanda aşırı karbonhidrat alımının bir sonucu olarak aniden yükselen insülinin etkisiyle oluşan "yalancı açlık" duygusunu gerçek açlıktan ayırt etmeyi öğrenin. Bunun en iyi yolu, öğünlerde şeker ve karbonhidrat alımını kalıcı olarak sınırlandırmaktır.

6. Karbonhidrat alımını mümkün olduğunca azaltın. Özellikle belirli bir düzene göre spor yapmıyor ve bedensel enerji açı-

sından normalden fazla gıdaya ihtiyaç duymuyorsanız, karbonhidrat alımını azaltmak çok kısa bir süre içinde günlük öğün sayınızda azalma olmasına ve çok daha uzun sürelerle dengeli bir kan şekeri düzeyine sahip olmanıza yardımcı olacaktır.

7. "Tatlılar" besin değil haz nesnesidir; mümkün mertebe uzak durun!

8. Lifli, çiğ ve yeşil gıdaları bolca kullanmayı tercih edin. Prebiyotik (faydalı bakterilerin üremesine imkân veren) olan bu besinler, doğrudan taşıdıkları besin değerlerinin dışındaki diğer yan faydalarıyla da bizlere şifa olmak için varlar. Her ne kadar bitkilerde bolca bulunan selüloz gibi karbonhidratları bizim sindirim sistemimiz sindiremese de onların varlığında ortaya çıkan bağırsak ortamı, sadece beslenmemizi değil, ruh durumumuzu ve zihinsel odaklanmamızı da bir hayli olumlu yönde etkilemektedir.

9. Probiyotik (canlı ve faydalı bakteriler) ve kaliteli proteinler içeren her türlü besini; örneğin (ev yapımı) yoğurt, doğal sirke, kemik suyu, paça çorbası, fermente turşu gibi gıdaları sofranızdan eksik etmeyin. Bağırsak floranız (bakteri örtünüz) hem beden hem de zihin sağlığı açısından beyin hücreleriniz kadar önemlidir.

10. Yağ tüketiminden korkmayın! Tek bilmeniz gereken faydalı-zararlı yağları ayırabilmektir. Bedenimiz doğal tereyağını, zeytinyağını, hindistancevizi ve avokado gibi gıdaların yağlarını, hayvanların iç yağlarını, balık yağlarını ve kuruyemişlerde bolca bulunan yağları kolayca kullanıp kendisi için faydaya dönüştürebilmektedir. Margarin, ayçiçeği gibi çekirdek yağları, işlenmiş yağlar ve genelde doymuş yağlar olarak bilinen yağlar ise bedenimiz tarafından pek iyi karşılanmaz.

Yüksek yağlı beslenmek, özellikle erken çocukluk ve gelişim dönemlerinde önemlidir. Şeker ve karbonhidrat vücuda asgarî oranda alındığı takdirde, yağlar sizde fazla kilo yapmaz. Çünkü yağ ağırlıklı beslenenler zaten az ve aralıklı yerler. Özellikle MTC olarak bilinen orta zincirli yağ asitleri de bedenimiz tarafından rahatlıkla kullanılır. Bu tip yağlar, kabuklu yemişlerde bol miktarda bulunur.

11. Günümüz meyvelerinin çoğu fazla, hatta aşırı şeker içermektedir. Meyve yerken de ölçülü tüketmeye dikkat etmek gerekir.

12. Beyin gelişimi ve sindirim sağlığı için et gerekli bir besindir. Fakat temel ayarlarımız, et tüketiminin oldukça az olması gerektiğini gösteriyor. Normalde haftada bir kez kırmızı et yemek yeterlidir. Balık ve deniz ürünleri ise biraz daha sık tüketilmelidir. Et tüketiminin aşırısı hem beden hem de çevre için ciddi zararlar doğurduğundan makul miktardan fazla et tüketmemeye dikkat etmek gerekir.

Yakın bir geçmişe kadar et ve hayvan ürünleri tüketmeden yaşamayı esas alan veganların sağlıklı kalması pek mümkün değilken, günümüzde artık oldukça mümkün hale gelmiş görünüyor. Her ne kadar şahsen katı bir veganlığı önermesem de[22] artık böyle diyetlerle de hayatta kalabilecek kadar zengin besin türlerine sahibiz. Günümüzde endüstriyel gıda üretim teknolojilerinin olumlu bir yanı, et ve hayvansal ürün tüket(e)meyen vejetaryen ve veganların dahi dengeli beslenmesini sağlayacak çeşitlilikte ürünleri üretebilmemizi sağlamasıdır.

13. Günde en az bir kez "karnınız guruldayacak kadar" acıkın ve bu acıkmayı katlanılmaz bir deneyimden, keyifli bir hisse dönüştürün. Eğer acıktığınızda eliniz ayağınız birbirine dolanıyor, kafanız karışıyor ve sinirli bir insan oluyorsanız, diğer maddedeki önerilerden hangisinin "tersini" yaptığınızı araştırabilirsiniz.

14. EN ÖNEMLİ KURAL: Rutinden sakının. Bedeninizi hoş sürprizlerle şaşırtın. Farklı gıdalar deneyin; arada sırada vejetaryen yahut vegan tarzında beslenin. Her gün et yahut başka kuvvetli gıdaları tüketmekten vazgeçin.

---

22 Vejetaryen ve vegan hayat tarzları oldukça saygıdeğer ve zor seçimlerdir. Vejetaryenlik yani et tüketmeme, gayet sağlıklı bir beslenme seçimi olarak bazı kişiler için yararlı dahi olabilir. Fakat süt ürünleri ve yumurta dahil hiçbir hayvan ürünü tüketmeme şeklinde uygulanan veganlık, sürekli olması hâlinde insanın temel ayarlarına uygun bir beslenme sistemi değildir. Bunun yerine ben bir insan fizyolojisi uzmanı olarak, arada bir vegan, arada bir vejetaryen, arada da normal beslenme şeklinde periyodik olmayan bir yaşam tarzı geliştirmeyi öneririm. Zira arada bir bedeni şaşırtmak ve alıştığı besinlerden mahrum ederek yeni durumlarla tanıştırmak, sağlıklı ve zinde kalmak için iyi bir taktiktir.

Elbette bütün bu tavsiyelerim öncelikle kendini keşfetmeye meraklı, hayatında ilginç deneyimler yaşamaya açık, formül ve reçetelerden hoşlanmayanlar için geçerli. Diğerleri uzman diyetisyenlerin ve beslenme uzmanlarının verdiği reçeteleri uygulayarak *detokslara* ve "kilo verme" çalışmalarına devam edebilir...

TARIM: İNSANLIĞIN İNTİHAR GİRİŞİMİ

Bundan yaklaşık 10-15 bin sene önce, şimdilerde adına "tarım" dediğimiz uygulamayı icat ettik. Bugün birçok araştırmacı, tarımın icadını insanlığın en büyük intihar girişimi olarak nitelendiriyor. (Örneğin değerli meslektaşım Jared Diamond.) Bu iddiayı büyük oranda haklı bulanlardanım zira bu icadımızla tabiatta hiç olmayan bir şey yapmaya başladık. Çok işimize yarayan, bolca besin üreten ve kolayca tüketebildiğimiz bir şey...

Tarım, tabiatta yetişen bazı doğal bitkilerin insanlar tarafından seçilip üretilmesiyle başladı. Bu bitkiler nesiller boyunca seçildi ve insanın ihtiyaçlarına daha uygun olan versiyonlarıyla üretilmelerine devam edildi. Derken, binlerce nesil sonra tabiattaki ata tiplerle hiç alakası kalmamış görünen yeni bitkiler (ve hayvanlar) elde edildi.

Bugün artık son derece sınırlı ve masraflı koşullar altında, hektarlarca alan üzerinde, çok fazla miktarda su ve kaynak tüketerek binlerce yıldır özenle seçilerek türetilmiş çeşitli bitki ya da hayvan türlerini anormal miktarlarda üretebiliyoruz. Halbuki tabiatın hiçbir yerinde, dönümlerce arazide tek bir bitkinin yetiştiği bir ortam bulamazsınız. Tarım sonucu meydana getirdiğimiz ortam, tabiatta hiç var olmayan bir durumu da ortaya çıkardı. Tabiri caizse, tarım açısından bize uygun olan bazı bitkilere bol keseden "torpil geçtik". Yetiştirdiğimiz bitkileri doğal ortamlarından ayırıp, doğal ortamda hayatta kalamayacak türlere dönüştürüp, tüm doğal avcı ve rakiplerinden ayrı, imtiyazlı bir üreme ortamında üretmeyi akıl ettik. Haksız kazanç ve avantaj sağlama anlamında "torpil yapmak" nasıl sosyal hayatımızda hoş olmayan bazı sonuçlar yaratıyorsa, tarımda uyguladığımız bu torpiller de uzun dönemde bizim için çok ciddi sorunlar yaratmaya başladı.

Tarım uygulamaları ilk etapta doğadaki beslenme belirsizliğini azalttığı için muhtemelen insanlar için büyük bir kurtarıcı rolündeydi. Tüm sene yenebilecek bitkileri üretmeye başlayan insanoğlu artık doğanın insafına kalmadan istediği ürünü istediği kadar yetiştirebiliyordu. Bu sürecin sonucunda yerleşik hayat ve şehirler de kaçınılmaz olarak ortaya çıktı. Zaten avcı-toplayıcı toplulukların yerleşik hayata geçmesinin esas nedeni tarım ve tarım arazileriydi. Tarım arazilerinin yakınlarında beliren ilk yerleşim yerleri daha sonra hızla ilk şehirlere dönüştü. Şehirler, tarımdan gelen bol besinle ticaret ve sanat gibi ilave uğraşlara vakit ayırabilen insanların ve dolayısıyla medeniyetin beşiği haline geldi. (Medeniyet kelimemiz Arapça "Medine" kökünden gelir; şehir demektir. Medenî derken aslında "şehirli"yi kast ederiz.)

Fakat bu sahte cennet kısa zamanda bazı sorunlar çıkarmaya başladı. Bu sorunların bir kısmını "Hareket" başlıklı bölümümüzde ele aldık. Orada da kısaca bahsettiğim gibi tarım üretiminin en büyük sorunu, kalori bolluğunun yanında besin çeşitliliğinin azalmasıydı. Tabiatta her çeşitten sayısız bitki ve hayvan ürünü ile beslenebilirken, tarım sonucunda seçeneklerimiz oldukça daraldı. Artık tabiattan toplamak yerine, tarlalarda yetişen ve çiftçiler tarafından pazara taşınan ürünlerle beslenme alışkanlığına geçiş yaptık.

Diğer bir yandan şehirlerde bir arada yaşama alışkanlığımız, şehirler kalabalıklaştıkça insan türünün ilk defa karşılaştığı çeşitli salgın hastalıkları da beraberinde getirdi. Bu tip yeni sorunlara bir de tarım üretiminin her zaman bekleneni vermemesi gerçeği eklendi. Kurak geçen yıllar ürünleri vurduğunda, insanoğlu çoğu zaman açlıktan kırılmaya, ne yapacağını bilememeye başladı. Yani aslında tabiattan ve ayarlarımızdan kopuşumuzun resmî başlangıcını tarımın icadı ile işaretlersek hiç de yanlış bir başlangıç seçmiş olmayız...

Özetle; fabrika ayarlarımız çeşitli ve seyrek besinlere göre ayarlanmışken, tarım sonrasında bizler daha dar bir seçenek aralığında ama fazla miktarda besin üretebilmeye başladık. Bu da belki insan türünün kendi ayağına sıktığı en önemli kurşunlardan biri oldu.

Bütün bunların "hemen arkasından" (kozmik takvime göre bir göz kırpma süresinden çok daha kısa bir zamanda), özellikle şu anda içinde yaşadığımız biyoteknoloji devrimiyle birlikte zirveye ulaşan endüstriyel gıda üretimi ve genetiği değiştirilmiş gıdalar gibi yeni konular gündemimize giriverdi. Hayatımızı iyileştirip kolaylaştırmak adına yaptığımız yenilikler yerini ne kadar doğru buldu, dilerseniz birlikte biraz inceleyelim...

ENDÜSTRİYEL GIDA: BESİN Mİ ZEHİR Mİ?

Endüstriyel gıda üretimi tarımın doğal bir sonucudur. Tarımda kitlesel miktarda besin üretebilirken artık bu besini çok değişik formatlarda, çok uzun raf ömürlerine sahip ve parçalar halinde paketleyip her çeşidini her zaman bulunabilir şekilde insanlara ulaştırabiliyoruz. Hal böyle olunca çok sınırlı seçeneklere göre ayarlanmış bir canlı, böylesine gıda bolluğunun olduğu bu devirde neredeyse sınırsız seçeneklerle birlikte, bütün tür tarihi içinde kitlesel olarak ilk kez "iradesine hâkim olmak" zorunda kalıyor. Ancak aşikar ki çoğumuz bunu pek beceremiyoruz. İşlenmiş ve yemesi-sindirmesi "fazla kolay" gıdalarla beslenmemiz ise işin başka bir boyutu...

Atalarımızın yüz binlerce yıldır sert yemişleri, meyveleri, etleri ve kökleri çiğneyip sindirerek nice emekle elde ettiği kalorileri, bugün işlenmiş gıdalar sayesinde hızlıca ve zahmetsizce alabiliyoruz. Bizler onlara kıyasla adeta bebek mamasıyla besleniyor gibiyiz. Bu nedenle mesela "yirmilik dişlerimiz" insan popülasyonunun neredeyse yüzde yirmi kadarında artık çıkmıyor bile. Günümüzdeki "az işlenmiş" (bütün-whole food) hareketleri işte tam da bu soruna işaret ediyor.

En başta da söylediğim gibi besinleri az, çeşitli ve aralıklı şekilde tüketmemiz gerekiyor. Gördüğünüz üzere fabrika ayarlarımız bu şekilde yapılandırılmış. Elbette bireysel farklılıklarımız da çok... Ama günümüzde "tokluktan ölen insanların sayısının açlıktan ölenlerden katbekat fazla olması" bu açık gerçeği bize tekrar hatırlatıyor.

Ben şahsen endüstriyel gıdanın faydalı-zararlı olması tartışmasının ikincil olduğunu düşünüyorum. Gıda sanayiinin bizim için teşkil ettiği esas sorun; her an yiyecek bir şeyler bulmamızı sağlaması ve çok az zahmetle çok yüksek kalorili besinler almamızı gittikçe daha da kolaylaştırması. Meselenin kökü bu noktada yatıyor...

"Çöp gıda" denen "fast-food" tarzı hızlı yiyeceklere de bir bakalım: Bunlar hazırlanması ve elde edilmesi en kolay yiyecekler olmakla birlikte, bedenin ihtiyacının çok üzerinde kalori alımına neden olan düşük kaliteli ürünlerdir. Lezzet duyumuzu sonuna kadar sömüren böyle bir sektör, son derece lezzetli gıdaların içinde bize işe yaramaz kalori bombaları sunar. Özellikle lif ve probiyotik içerikler açısından son derece fakir bu tip gıdaların uzun dönemde sağlığımız için yarattığı tehlikeyi henüz sigara yahut uyuşturucu meselesi ile aynı yere koymamış olmamız, meseleyi anlamakta oldukça zorluk çektiğimizin en açık göstergesidir.

TAT VE LEZZET: CAN VE ÖLÜM BOĞAZDAN GELİR

Tat ve koku duyuları, evrimsel açıdan "en eski" yahut "kadim" duyularımızdır. En ilkel canlılarda, hatta bir hücrelilerde bile kimyasal maddeleri algılayan ve algılanan kimyasalların özelliklerine göre davranış tepkilerinin üretilebilmesini sağlayan kimyasal alıcılar (reseptörler) mevcuttur. Tat ve koku, bedenimizde aynı işi yaparak kimyasal maddelerin bizim için ne anlama geldiğini çözmemizi sağlar. (Bu nedenle tat ve koku alıcılarımız fizyolojide "kemoreseptörler" olarak da adlandırılır.) Sıvıda çözünmüş haldeki kimyasalları tat duyumuzla, havada çözünenleri ise koku duyumuzla algılarız.

Tat ve koku duyumuzun dış alıcıları, mâlum, ağırlıklı olarak ağız ve burunda bulunur. Tat duyusu alıcıları öncelikle dilimizde, yutak ve damak dokumuzda, hatta yemek borusu ve midemize kadar olan yolda bolca bulunur. Koku duyumuz ise burun boşluğumuzun hemen üzerindeki delikli bir kemik plakadan saçaklar şeklinde burun boşluğunun tavanına uzanan koku hücrelerinin uzantıları aracılığıyla işler. Bu iki duyu kaynağının sinirlerini takip ettiğimizde, bu sinirlerden giden verilerin beynimizin en temel yaşamsal bölgelerine aktarıldığını görebiliriz.

Tat duyusu, ağız bölgemizden önemli ve büyük üç sinir aracılığıyla toplanır ve beynimizin, ensemizin iç kısmına denk gelen "beyin sapı" bölümüne gönderilir. Burası beslenme, tükürük salgılama, refleks davranış tepkileri üretme, kan basıncını düzenleme gibi birçok önemli işin yürütüldüğü en temel beyin bölgelerinden biridir.

Koku duyusu ise öncelikle "koku beyni" olarak da adlandırılan, beynimizin ön kutbu ile burun boşluğumuz arasında yerleşmiş koku lobunda işlenir. Ardından bu veriler, beynin hemen her yerine dağılır. Dağıldığı yerler arasında özellikle öğrenme, hafızaya alma, duygu durumunu düzenleme, cinsel dürtüler ve haz-ceza alanları ilk sıralarda görülür.

Her iki duyudan gelen veriler, bu ilk dağıtım yerlerinden sonra beyin kabuğundaki özel bölgelere de gönderilir. Bu şekilde tat ve kokunun bilinçli düzeyde algılanması gerçekleşir. Kısacası, biz henüz bilinçli olarak ne tattığımızı yahut ne kokladığımızı fark etmeden, bunların bilgisi beynimizin hem yaşamsal hem de dürtüsel merkezlerine iletilerek davranışlarımızı değiştirmeye başlamıştır.

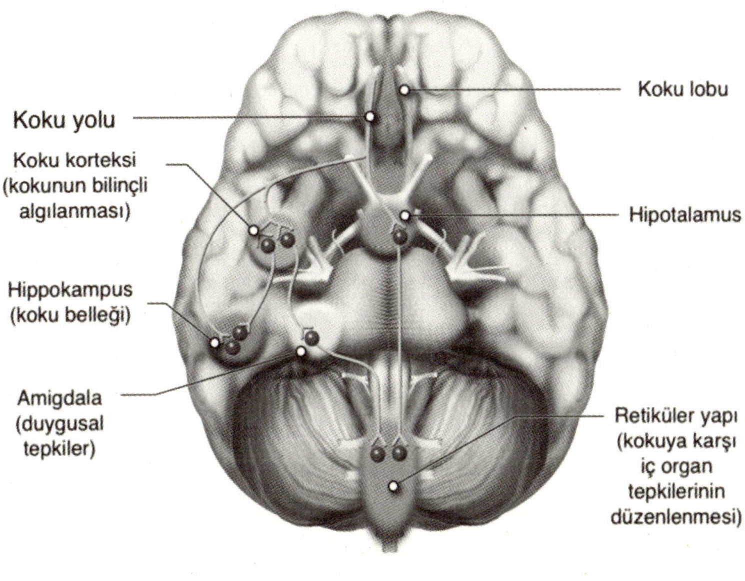

GÖRSEL 15: Tat duyusunun beyindeki yolları ve hedefleri (alttan görünüş)

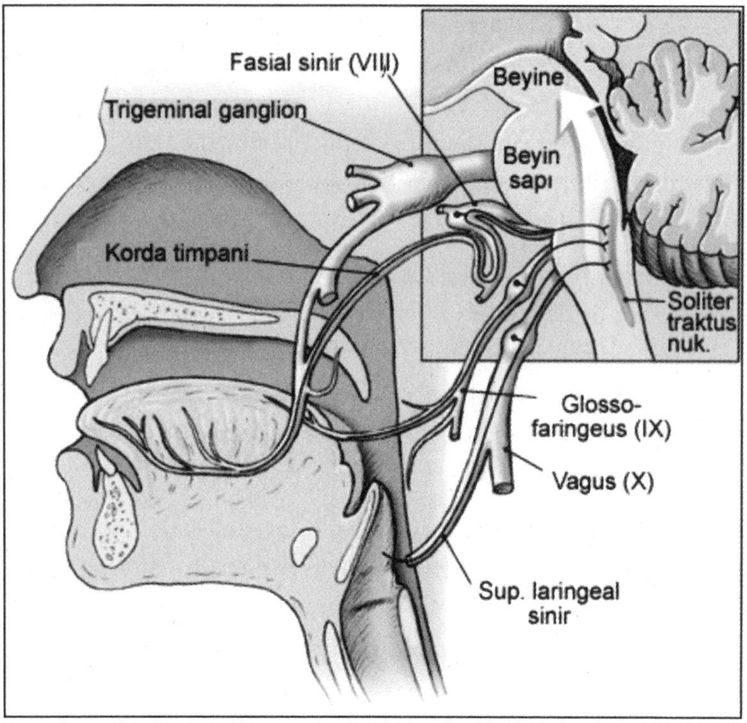

GÖRSEL 16: Tat duyusunun sinirsel yollarının özeti

Tat ve koku duyuları, neyin yenebilir neyin yenmez olduğunu belirlemek açısından en önemli duyularımızdır. Ayrıca bu duyularımız, tehlikeli veya zehirli olandan kaçmak ve üremeye uygun bir eş bulmak gibi temel biyolojik işlevlerin de vazgeçilmez parçalarıdır. (Çiftlerin öpüşmeleri, koku ve tükürük salgıları aracılığıyla birbirlerine bir dizi biyokimyasal testler uyguladıkları biyolojik bir tanıma süreci anlamına da gelmektedir).

İştah, tiksinme, şehvet, sakınma, öfke, ürperme, bulantı gibi birçok tepki, tat ve koku aracılığıyla hızlı bir biçimde tetiklenebilir. Bu işlevlerin beyinde kesiştiği ortak yer, tat ve koku duyularının her ikisinin de bilgilerini alan ve bedenimizin içsel bir haritasını taşıyan "insula" adlı bölgedir. Daha sonra stres bölümünde de bahsedeceğimiz insula, en derin duygulanımlarımızın gerçekleştiği ve bu duygulanımların bedenimize yansımasının kontrol edildiği, işlevleri açısından halen gizemlerini çözmeye çalıştığımız bir beyin bölgesidir.

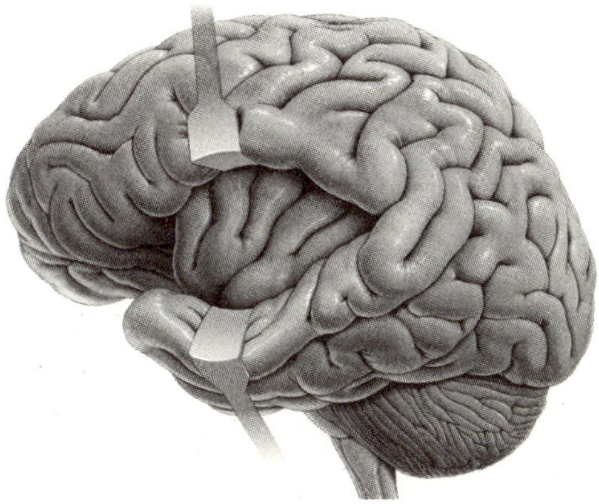

GÖRSEL 17: İnsula lobunun görünüşü. Beynin iç kısımlarında gizli bir lob olan insula, birçok duygusal ve davranışsal tepkimizde merkezî rol oynar.

Burnunuzdan nefes alamadığınız zamanlar yemeklerin tadını pek de alamadığınızı fark etmişsinizdir. Tat duyusu, tamamen ağzımızdaki tat alma durumuyla ilgilidir. Ancak daha kompleks bir algı olan lezzet, koku duyusu ve hatta diğer duyuların da işe karıştığı, daha bütüncül bir algıdır. Tuzlu, tatlı, acı gibi algılar "tat" duyusu ile ilgiliyken, mesela bir patlıcan yemeğinin tüm içeriği, kokusu, görüntüsü ve sunumuyla verdiği o daha karmaşık olan his "lezzet" olarak bilinir.

İnsanda koku duyusu diğer birçok canlıya göre "daha zayıf" kabul edilse de koku bizim için sandığımızdan çok daha önemlidir. Sadece beslenme konusunda değil, üremeden öğrenmeye kadar tüm işlevlerimizde koku, temel belirleyici duyulardan birisidir. Tabiri caizse, beynimizin genel olarak "çalışma modunu" belirler. Kötü kokuların bizi huzursuz etmesi, güzel ve ferahlatıcı kokuların ise iyi hissettirmesi, diğer tüm beyin işlevlerimizi farklı derecelerde etkiler.

Tat ve lezzet, beslenme yolumuzun giriş kapısında yer alır. Bu algılar "yenecek-yenmeyecek şeyler" yahut "besin-zehir" ayrımını yapmanın yanı sıra beynimizin haz merkezleri ile de doğrudan bağlantılıdır. Bir başka deyişle bu duyular bir haberci yahut resepsiyon görevlisi gibidir; neyin faydalı, neyin zararlı, neyin iyi, neyin kötü, neyin lezzetli, neyin tatsız olduğuna karar vermemizi sağlar. Fakat bunu yaparken, adeta bir resepsiyon görevlisinin otel müdüründen kuralları alarak buna göre davranması gibi, beynimizde yaşamımız boyunca yerleşmiş değerlendirme kodlarını esas almak durumundadır. Mesela bir meyveyi, sebzeyi veya herhangi bir yemeği bazımız severken bazımız ondan nefret edebiliriz. Dışarıdaki nesne aynı olmakla birlikte, tat ve lezzet duyusu aracılığıyla vardığımız sonuç çok farklı olabilir. Bu açıdan da resepsiyondaki tat duyusu, neyi ne kadar yiyeceğimize dair en kuvvetli dürtüsel uyaranları başlatmak açısından önemlidir.

Tat duyusunun önemli bir kısmı öğrenmeye dayanır. Mesela bir çocuk ilk kez kahve içtiğinde, kahvenin tadı ona genellikle oldukça kötü gelir. Fakat zamanla insanların önemli bir kısmı kahvenin tadından hoşlanmaya, onu keyif için içmeye alışırlar. Hatta bu tada bağımlı olmamız bile mümkündür. Bu hoşlanma, kahve tüketmenin "tat ve lezzet" girişinden sonra bedende ve zihinde yaptığı değişikliklerin tecrübe edilmesiyle ilgilidir. Uyanıklık sağlayan, dikkatimizi toplamayı kolaylaştıran, belki bir dinlence yahut sosyalleşme aracı olan kahve tüketimi; tadıyla bu olumlu sonuçların beynimizde birleştirilmesi neticesinde artık aranan ve hoşa giden bir hale gelir.

Bu kadar yaşamsal olan tat ve lezzet algılarımız, öte yandan bugün sağlığımızı tehdit eden en önemli sorunlardan biri olan aşırı yeme sorununun da temelini oluşturur. Günümüzde ekseriyet itibariyle tükettiğimiz besinler, bedenimize besleyicilik yahut fayda açısından katkı sağlamaktan çok, lezzet kıstasına göre tercih edilmekte. Bunun nedeniyse açık: Haz almanın en kestirme yollarından biri, lezzetli bir şeyler tüketmektir. Tadı "güzel" olan bir şeyler yediğimizde, hatta o şeyi çiğnemeye başladığımız andan itibaren haz duygumuz tavan yapar; sakinleşir ve mutlu oluruz. Bu kısa devre, strese bağlı aşırı yemenin de temel nedenidir. Yine her zaman kullandığım mantıkla, on binlerce yıl önce tabiatta yaşayan atalarımız için bu refleks devrelerin önemi aşikardır. Bulabildikleri güzel şeylerden alabildiğine yemeleri onların faydasınadır zira yarın o güzel şeyi bulabilecekleri pek şüphelidir. Fakat bugün, "yarın yokmuş" gibi yemeye göre ayarlanmış devrelerimiz nedeniyle, bu "bolluk" ortamında lezzet arayışımızın kurbanı olduğumuz vakıalar az değildir.

Resepsiyon görevlisi gibi iş gören tat duyumuzun bir zayıf yanı da "otel odalarında boş yer olup olmadığı" bilgisiyle doğrudan ilgilenmemesidir. Bedende ne kadar fazla depolanmış besin olursa olsun, kimi zaman beyinden gelen "Yeter artık, yeme!" sinyalini duyamayışımızın nedeni bu tat ve lezzet kaynaklı hazza aşırı odaklanmamızdır. Adeta kapıdaki görevliyi memnun etmek için oteli çarşamba pazarına çevirmekle meşgulüz! O kadar kalorili, yağlı-yoğurtlu kebapları yedikten sonra, hemen arkasından peynirleri uzayan o kocaman sıcak künefeyi gövdeye indirmek için yanıp tutuşmamız, buna çok iyi bir örnektir. (Karnınız tok olsa bile şu satırları okurken ağzınız sulanmış olabilir; telaşlanmayın, normaldir zira neredeyse hepimize aynı şey oluyor.)

LEZZET, HAZ VE "ŞİFA"

Sağlıklı yaşam önerileri, diyet reçeteleri veya sağlıklı yaşamla ilgili birçok kitap yahut kaynakta, tat ve lezzet hislerinin bize nasıl etki yaptığı pek anlatılmaz. Halbuki haz ve lezzet algılarımızın bize iyi gelen, iyileştirici bir yanı vardır. Birçoğumuz canımız sıkkın olduğunda birkaç kaşık dondurma veya birkaç parça çikolata yemeye yöneliriz. Bunun sebebi, o hazzın bize kendimizi iyi hissettirmesidir. Fakat tatlıdan aldığımız hazza çok kolay bir şekilde bağımlı da olabiliriz ve bu durum hayatımızı tehlikeye dahi sokabilir. Peki, sizce tamamen uzak durmakla bağımlı olmak arasında bir seçenek olabilir mi?

Uzun yaşayan insanlar üzerinde yapılan "ortak nokta" araştırmaları sıklıkla tekrarlanır. Farklı coğrafi yerlerde, farklı toplumlarda ve farklı örneklemlerde yapıldıkları için elbette bu çalışmalardan değişik sonuçlar elde edilebiliyor. Fakat ilginç şekilde, uzun yaşayan birçok insan hiç de sandığımız gibi mükemmel sağlıklı, dikkatli-dengeli bir hayat yaşamıyor. Bunların içinde 90 yaşın üstüne kadar yaşamış insanlar var ve aralarında, mesela gecenin bir yarısı buzdolabını açıp pastaları veya kekleri iştahla gövdeye indirmek gibi garip yeme alışkanlığına sahip kişiler de görülebiliyor. Bu insanların çoğunun bu davranışı kafamızı karıştırsa da uzun dönemdeki örüntüye baktığımızda fark ortaya çıkıyor aslında: Bu insanlar dolaptaki tatlıları "her akşam" yemiyor; arada bir dolaptan aşırıp yemeyi seviyorlar, o kadar. Kendi döngülerine göre belki ayda, belki 15 günde bir defa... Yine aralarında her gün kompulsif bir biçimde tatlı yiyenlere rastlayamıyoruz zira onlar muhtemelen erkenden dünyayı terk ediyorlar.

Belki de arada bir alınan bu tip hazlar, hayatın olumsuzlukları ile baş etme konusunda bize bir destek sağlıyordur. Zira atalarımızın sürekli "dengeli bir diyet listesi" ile yaşadıklarını düşünemeyiz. Arada bir ganimet misali buldukları bal kovanları yahut leziz meyvelerden bolca ve çatlarcasına yemiş olmaları gerektiğini rahatlıkla hayal edebiliriz.

Sadece ağzımızdan giren kimyasal maddeler yani gıdalar üzerinden sağlık ya da sağlıksızlık üzerine konuşmak aslında bir eksikliktir. Beden ve zihin sistemi bir bütündür ve "sağlıklı yaşama-beslenme hastalığı" şu dönemlerde belki de çoğumuzu en çok strese sokan davranış bozukluğumuzdur. Bu satırları okuyanlar arasında bu oranın daha yüksek olduğunu düşünebiliriz. Çünkü "İnsanın Fabrika Ayarları" başlıklı bir kitap, kendisiyle ilgilenmeyi ve daha doğru yaşamayı merak eden birçok insana daha cazip bir başlık olarak görünecektir ve maalesef muhtemelen aramızdan birçok kişi, aslında "ayarlarımıza" hiç uygun olmayan nice yöntemleri araştırıp uygulamakla ciddi anlamda vakit kaybediyor olabilir. Umuyorum buradaki perspektif, biraz daha rahatlamamızı sağlar ve biyolojik sistemimizin bilgeliğine güvenmemiz konusunda bizi biraz daha cesaretlendirir.

AŞERME

Aşerme dediğimiz "insanın canının bir şeyi aşırı derecede çekmesi" durumunu genellikle hamilelikle ilişkilendiririz ki büyük oranda da doğru bir ilişkidir bu. Hamile kadınlar çoğu zaman ortada bariz bir neden yokken oldukça tuhaf yiyecek veya içecek isteklerinde bulunabilirler. Sırf bu nedenle kışın ortasında karpuz arayışına giren baba adayları pek az değildir, bilirsiniz. Peki, böyle bir "aşerme" süreci ortaya neden ve nasıl çıkabilir?

Bebek, kadın bedeninde çok radikal bir parazit gibi büyür. Kadın bedeninin hemen tüm kaynaklarını kendisi için kullandığından, annenin vücudunda birçok besin maddesi hızla tükenir. Bedenimizde böyle bir metabolik dengesizlik gerçekleştiğinde bilinçli olarak neyin eksildiğini bilebilmek kolay değildir. Bedenin izleme sistemleri, eksilen besin maddesine göre, özellikle beynimizdeki hipotalamus bölgesinin analizleri neticesinde, "canımızın bir şeyler çekmesine" neden olur. Mesela suyun azalması susamaya, tuz eksikliği turşu yahut benzer bir şeyler istemeye yol açar.

Daha karmaşık ihtiyaçlar ortaya çıktığında ise daha önce benzer ihtiyaçları nereden karşılamışsak o besinleri istememize neden olacak bir sistem devreye girer. Çoğu kişinin her acıktığında yağlı-ballı ağır yemeklerle yahut bol karbonhidratlı besinlerle doymaya aşermesi, bu bedensel izleme ayarlarının yıllar boyu süren hatalı beslenme alışkanlıkları ile bozulmuş olmasından kaynaklanır. Fakat eğer sistem doğal seyrinde ilerliyorsa yani insan genel olarak sağlıklı beslenebiliyorsa, bedenden gelen sinyaller aslında bize ne yiyip içmemiz gerektiğine dair önemli bir rehberlik sağlar.

İşte hamilelik durumunda da bir anne adayının gecenin bir vakti "Hayatım, canım acayip mango çekti!" gibi isteklerde bulunması, bedeninde meydana gelen bir metabolik dengesizliğe mukabil, beyninin "bunu yesek iyi olur" diye verdiği bir karardan kaynaklanır. Belki normal şartlarda o meyve yahut besin maddesini tüketmeyi sevmeyen bir kişide bile zaman zaman böyle aşerme tepkilerinin ortaya çıkması, beynimizdeki ve bedenimizdeki izleme sistemlerinin ne kadar iyi kayıt tuttuğunun da bir göstergesidir. Daha önce o veya benzer besinlerin alınması sonucu beden hangi eksikliği tamamlamış, hangi maddelerin girişine "şahit olmuşsa"; benzer eksiklikler olduğunda, tutulan kayıtların yine o tarz bir besin maddesine arzu oluşturması gayet makul ve faydalı bir mekanizmadır.

Bedenimiz ve beynimiz, başta beslenme olmak üzere her türlü tecrübemiz için böylesine kayıtları şükür ki sürekli olarak tutar. Bu kayıt sistemini düşününce, hatalı beslenme ve yaşam alışkanlıklarının sistemi nasıl bozabileceğini de daha rahatlıkla anlayabiliriz.

Tüm bağımlılıklar da yine aynı kayıt sisteminin hatalı çalışmasına dayanır. Sigara, alkol, kumar, pornografi yahut karbonhidrat gibi bağımlılıklar, beynin haz sistemini aşırı uyarmalarına bağlı olarak, beynin refleks sistemleri tarafından "rahatlatıcı, sakinleştirici, gerginlik yatıştırıcı" olarak kodlanır. Kişi, bu madde yahut davranışlardan uzak kaldığında belirgin bir gerginlik ve rahatsızlık hisseder. Zira eğer böyle bir bağımlılık nesnesi ile ilişki kurulmuşsa, beynin haz sistemlerinin aşırı uyarılmasına alışan zihin, o uyarım olmadığında rahatsızlık tepkisi üretir. O zaman da doğal olarak sıklıkla o madde yahut davranışı arzular.

Eğer kişi bağımlı olduğu nesne yahut davranışa ulaşamaz, ondan uzak kalırsa, bu rahatsızlık tepkileri "yoksunluk" dediğimiz daha genel bir rahatsızlık tepkisi silsilesini tetikler. Bu bağımlılık döngüsü, beslenme şeklimizi de günümüzde çok belirgin olarak etkilemektedir. Başlıca karbonhidratlı ve işlenmiş gıdalara karşı kolaylıkla geliştirdiğimiz bu bağımlılık devreleri ve onların yokluğunda hemen devreye giren yoksunluk tepkileri, sağlıklı ve doğal bir beslenme döngüsüne geçmemizin önünde etkili bir engeldir.

BEDEN ÇÖP GIDALARI ÖĞRENDİĞİNDE...

Önceki kısımda tat duyusunun öğrenilen yönlerine dikkat çekmiştim. Yaşamımızın ilk yıllarından beri içinde bulunduğumuz kültür ve ortamlardan edindiğimiz beslenme alışkanlıklarımız, tat ve lezzet algımızı da önemli oranda etkiler. Özellikle işlenmiş, bol baharatlı, soslu, tuzlu ve her türlü lezzet duyumuzu gıdıklayacak şekilde muhtelif aromalarla lezzetlendirilmiş hızlı yemek (fast food) yahut atıştırma tarzındaki besinler, tat ayarlarımızla kökten oynayarak beslenme alışkanlıklarımızı ve doğal ayar noktalarımızı tamamen değiştirebilme gücüne sahiptir. O nedenle hızlı yemek alışkanlığının özellikle 1980'lerden itibaren katlanarak arttığı Batılı ülkelerin çoğunda aşırı kilo ve kalp-damar hastalıkları gibi aşırı kalori alımıyla ilişkili hastalıkların artışı, insanların bu biçare durumunu yansıtan trajik bir örnektir.

Aslında bu gibi yiyecekler için kullanılan "çöp yiyecek" (junk food) tabiri, bu anlamda gerçekten de yerindedir. Tadı, kokusu, lezzeti ve görüntüsüyle gayet iştah açıcı olan ama yediğinizde bedeninize aşırı kalori ve dengesiz enerji pompalayan bu tarz besinlerden neden uzak durmamız gerektiği, fabrika ayarlarını anladıkça çok daha anlaşılır hale gelir. Özellikle çocuklarımızı bu tip gıdalardan uzak tutmak, gelecek nesillerin sağlığı için yapabileceğimiz en iyi yatırımdır.

Elbette bu kadar "haz merkezli" bir beslenme biçimi çoğu insanın karşı koyamayacağı bir yoğunlukta hayatımıza girince, gıda sektörünün bu kadar yoğun tüketim ve israfa bağlı olarak yeni yiyecek üretme yolları bulması gerekir. Günümüzde en önemli tartışma konularından biri olan genetiği değiştirilmiş organizmalar (GDO) meselesi de işte tam bu aşırı tüketim ihtiyacına verdiğimiz gayet insanî ve mecburî bir tepkidir.

GDO'ların ne olduğuna kısaca değinmeden önce şunu söylemeliyim: Eğer siz, (evet siz) haftanın her günü et yemek ve devamlı aynı besinlerle bolca beslenmek istiyorsanız, GDO yahut diğer endüstriyel gıda yöntemlerine karşı olmanız anlamsızlaşacaktır. Zira herkes bizim gibi davrandığı takdirde, bu kadar yoğun tüketimi böyle bir nüfus sayısı için doğal yöntemlerle karşılama imkânınız yoktur. Muhtemelen siz de iki adımlık yere bile özel arabasıyla gidip her gün çevre kirliliğinden şikâyet eden insanlara denk gelmişsinizdir. Bu noktada GDO gibi "ayar bozucu" mevzulara karşı geliştirilebilecek en etkili yöntem, önce kişisel hayatımızı düzenlemek ve bunu, önce yakın çevremizdekiler olmak üzere diğer insanlara da anlatmaktır.

Aksi yönde bakarsak göreceğimiz manzara ise şundan ibarettir: Gıda israf ediyorsak, çöplerimizin önemli bir kısmı yarı yenmiş gıdalardan oluşuyorsa, canımızın her istediğini istediğimiz zaman bulabilmek istiyorsak, özellikle de "mevsimi dışında" bitki ve besin tüketmek alışkanlığına sahipsek, üzgünüm ama çevreye bu denli zarar veren nice uygulamaları da bilmeden talep ediyoruz demektir...

GDO ASLINDA NEDİR?

Dediğim gibi, son birkaç on yılın belki de en tükenmez tartışma konularından birisi, genetiği değiştirilmiş canlıların beslenme amacıyla üretilmesi ve tüketilmesidir. Genetiği değiştirilmiş organizma yahut GDO dediğimizde, çoğu insanın zihninde laboratuvar şartlarında ultra gelişmiş teknolojik yöntemlerle teker teker genleriyle oynanmış organizmaların üretildiği bir ortam canlanıyor olabilir. Fakat GDO sınıfına giren ürünleri böyle yapmıyoruz. Belki temel araştırmaların bir kısmı böyle laboratuvarlarda yürütülüyor fakat pratik uygulamada bugün yediğimiz her şey aslında bir nevi GDO statüsünde. Zannettiğimiz gibi öyle çok gelişmiş laboratuvar ortamlarına ve sofistike teknolojilere de ihtiyaç yok...

GDO teknikleri, doğada var olan ata organizmaların daha besleyici, daha kolay üreyebilen ve daha dayanıklı türevlerini üretmekle ilgili bir yöntemler bütünüdür. Sıfırdan bir canlı yaratabilen kimse yoktur; sadece doğada var olan yahut binlerce yıldır tarım ve hayvancılıkla ıslah edegeldiğimiz bitki ve hayvanları daha verimli ve daha ucuz üretmenin yollarını ararız. Bu da aslında binlerce yıldır yaptığımız bir iştir: Tarımın başlangıcından beri "en çok işimize yarayan, en işimize gelen" ürünleri seçip, onları çiftleştirerek aslında bitki ve hayvan topluluklarının "genleri" yahut "genetik özellikleri" ile oynuyoruz.

Sonuçta önemli olan yaşayabilir, üreyebilir yeni çeşitler üretebilmektir. Bugün gelişen bilimsel bilgi ve teknolojik imkânların da etkisiyle elbette bu konuda belli riskleri taşıyabilen fikir, çalışma ve uygulamalar var. Mesela bir virüsün, bakterinin veya bir başka canlının genlerini alıp diğer canlılara aktararak yeni ürünler oluşturmayı deneyen sayısız araştırma grubu var. Neyse ki bu çalışmaların sonuçları (henüz) sandığımız kadar korkutucu boyutlara ulaşmış değil. Bunun da tabii temel bir biyolojik nedeni var.

Bugünkü GDO meselesi, "biyoteknoloji"ye dair topluma yayılmış (ve biraz da bilim kurgu ve korku edebiyatı ile adeta enjekte edilmiş) bir korkuya yol açıyor. Bu durum biraz da mesnetsiz bir paniğe neden oluyor. Çünkü aslında GDO denen şeyin ne olduğunu, kapsamını ve gerçek sonuçlarını çok bilmiyoruz.

Yıllar önce bir gazete haberinin bizi çok eğlendirdiğini hatırlıyorum. Habere göre, yediğimiz domateslerin soğuğa karşı daha dayanıklı olabilmesi için bir çalışma yapılmış. Kuzey denizlerindeki balıkları soğuğa karşı koruduğu tespit edilen proteinleri üreten bazı balık genleri, özel yöntemlerle alınıp domateslere verilmiş ve böylece soğuğa dayanıklı domatesler üretilmeye çalışılmış. Gazetede görüşlerine yer verilen dertli (ve uzman) bir tüketici ise konuyla ilgili şöyle bir serzenişte bulunmuştu: "Biz bu domatesleri tüketiyoruz ama ya çocuklarımızda solungaç çıkarsa ne yapacağız?"

Panik durumunun aklı durdurduğunu biliriz; burada da benzer şekilde, binlerce yıldır balık tüketerek balıklardaki "solungaç genleri"ni de yiyen insanların neden solungaç çıkartmadığı pek aklımıza gelmez ve böyle serzenişlere balıklama atlama eğilimi gösteririz. Bilinmeyenden korkmak, ayarlarımızın bir parçasıdır çünkü...

GDO'LU CANLILAR YAŞAYABİLİYORSA...

Bahsettiğim bu tip genetik çalışmalardan ileri düzeyde rahatsız olanları (belki) bir nebze rahatlatabilecek bir kuralı özetlemek isterim. Tabiat çok sıkı kurallarla denetlenir. Bu kurallara uygun olmayan bir şeyin yaşayabilmesi mümkün değildir. Dolayısıyla eğer GDO işlemleri sonucunda ürettiğiniz bir canlı yaşayabiliyor, büyüyebiliyor ve üreyebiliyorsa, o hâlâ gayet biyolojik bir canlıdır ve tadını seviyorsanız yiyebilirsiniz. Zira biraz biyolojinin temel işleyiş mantığına bakarsanız, doğada bu iş milyonlarca yıldır sürekli aynı şekilde yürüyor:

Genler birbiriyle karışıyor, farklı türler arasında taşınıyor, mutasyonlar birikiyor ve neticede genetik yapı sabit bir yönergeler dizisi olmaktan çok, kaynayan bir kazan gibi sürekli değişime uğruyor. İncelikle kurgulanmış tabii denge ve seçilim mekanizmaları da bunlar arasından "en uygun olanların" hayatta kalmasına izin vererek, sistemi bütün olarak bir orkestra misali yumuşak biçimde işletmeye devam ediyor.

Elbette genetiğe yaptığımız her müdahale, daha önce var olmayan çeşitlerin "insan müdahalesiyle" ortaya çıkmasına da zemin hazırlıyor. Fakat henüz "sıfırdan bir canlı" üretemediğimiz için elimizde sadece belli oranlarda farklılaştırdığımız yahut doğada işe yarar bir şekilde evrilmiş özelliklerini birleştirmeye çalıştığımız versiyonlar var. Tekrar edeyim: Eğer her gün et ve tavuk yiyebilmek istiyorsanız, bu gelişmeleri mecburen sineye çekeceksiniz. Yok, eğer "Ben yarım dönüm bir bostan yapar, orada ekip biçtiğimle, yetiştirdiğimle idare ederim." derseniz, zaten bu konuda fazla endişelenmenize de gerek kalmaz. Hem "nükleer tüketim" düzeyinde yaşayıp hem de "yeşil ve çevre dostu enerji" istemek gibi anlamsız, karşılıksız ve çocukça bir istektir bu...

MEVSİMİNDE TÜKETMEK: BEDENİMİZİN SAATLERİ

Günümüzün modern şehir insanı, canının her istediğini bulabiliyor desek abartmış olmayız. Eskiden, hatta daha elli yıl öncesine kadar her bitki yahut besini ancak belli mevsimlerde bulabilen insanlar, şimdi mevsimden bağımsız olarak her türlü gıdaya ulaşabilir oldu. Ulaşabiliyoruz, zira bunu isteyip bir yolunu bulabilen tek canlı biziz. Gerek seracılık gerekse GDO teknikleri ile elde ettiğimiz dayanıklı bitki ve hayvan türevleri, bize her koşulda ve her mevsimde istediğimiz ürünü üretme özgürlüğü de veriyor. Canımızın her istediğini her istediğimizde tüketebildiğimiz zaman da, bir nesil önceki insanların hiç sahip olmadığı bir "metabolik özgürlüğe"(!) sahip olabiliyoruz: Canımız, yılın her anında her bir şeyi isteyebiliyor!

Mevsiminde yetişen ürünlerin, besleyicilik ve vitamin içeriği gibi özelliklerde mevsimi dışında yetişenlerden çok daha verimli olduğunu biliyoruz. Bununla birlikte günümüzde ülkeler arası gıda ithalat ve ihracatı sayesinde, bir yarıküreden diğerine dahi gıda transferi yapabiliyoruz. Fakat ne olursa olsun; yolda geçen zaman, nakliye şartları ve tüketen insanların zamansal ve bedensel ihtiyaçları, bu "yabancı" gıdalardan faydalanma oranımızı azaltabiliyor.

Mevsiminde toplanmış, dondurulmuş ve daha sonra tüketilen ürünlerin, mevsim dışında üretilen ürünlere göre çok daha zengin besleyici içeriğe sahip oldukları ise bilinen bir gerçektir. Yani bir canlının üreme zamanı, canlı bedeninin biriktirebileceği ve bizlere besin olarak sunabileceği maddelerin miktarlarını belirgin oranlarda etkiler. Zaten milyonlarca yıldır tabiat aracılığıyla bize ikram edilen gıdalar ve bunların bileşimlerine göre yaşamaya ayarlanmış bedenlerimiz, en iyi faydayı yine böyle mevsiminde ve yerel olarak yetişen canlılardan alabiliyor.

Özellikle doğal seçilim dediğimiz sürecin mantığını ve bu seçilimde canlıların birbirlerini nasıl etkilediklerini anlarsak, mevsiminde gıda tüketiminin faydalarını "çok da fazla bilimsel çalışma ve uzman tavsiyesi" okumak zorunda kalmadan anlayabiliriz. Farazî bir örnekle bu konuyu açmaya çalışalım: Bir coğrafî bölgede yaşayan tüm canlıların birbirleri ile ilişkileri, her bir canlı türünün nasıl evrileceğini belirleyen en önemli etkenlerden biridir. Sözgelimi o bölgede bolca bulunan bazı hayvanlar, diyelim ki yonca gibi bir bitkinin içinde bolca bulunan bir madde yahut maddeler kombinasyonu sayesinde, sağlıklarını tehdit eden bir parazit enfeksiyonuna karşı dayanıklılık kazanıyor olsunlar. O tip yoncaları yemeyi daha çok seven, belki genetik olarak buna daha yatkın olarak doğmuş hayvanlar, yoncayı daha fazla tüketecek ve o parazit enfeksiyonuna karşı bedenlerini daha iyi savunabilecektir. O yoncaları yemeyen, yiyemeyen yahut tadını sevmeyenler ise enfeksiyona yakalanma açısından daha bahtsız olacaktır.

Yoncaları tüketen canlılar aynı zamanda diyelim ki dışkıları aracılığıyla yonca tohumlarını başka başka yerlere bırakarak yoncaların da daha fazla üremesine vesile olabilir. Zira birçok bitki, "yemesi lezzetli" yaprak veya meyveler üreterek, birçok hayvanı aslında tohumlarını yaymak için bir araç olarak kullanır. Mesela bizim o zehir gibi acı biberleri bayıla bayıla yememiz de sırf bu yüzdendir. (Kendinizi kullanılmış hissetmeyin; sadece tabiatın bilgece dengelerinden biridir bu.)

Neticede tamamen şu anda uydurduğum bu basit yonca-hayvan senaryosunu nesiller boyunca oynatırsanız, sonuçta ne olacağı çok açıktır: Bir süre sonra, belki onlarca, belki yüzlerce yıl içinde hem o yoncadan beslenen hayvanların sayısının artması hem yonca sevmeyenlerin azalması hem de o yonca tipinin o bölgede yayılması ve diğer yonca türevlerine karşı baskınlaşması mukadderdir.

Elbette tabiattaki ilişkiler ve seçilim süreçleri bu kadar basit ve az faktörlü denklemlere dayanmaz. İşler çok daha karmaşıktır, daha çok yönlüdür. Fakat temel mantık aynıdır: Tüm canlılar, ekosistem içinde birbirlerinin fayda ve zarar ilişkileri çerçevesinde karmaşık dengelere göre çeşitlenir ve farklılaşır. Canlıların genetik çeşitliliği, çevre şartlarındaki değişimler ve canlı bedenlerinin biyolojik özellikleri; son derece karmaşık, hassas ve belirleyici bir denge sistemi teşkil eder. Bu denge, bizim el atmamıza kadar milyonlarca yıl boyunca canlılığı var etme, çeşitlendirme ve koruma hususunda gayet güzel işlemiş görünüyor. Ama bizim ortama hâkim olmaya başladığımız son birkaç yüz yılda, işler tabiatta pek de aşina olunmayan bir yönde işliyor. Artık doğanın dengesinden çok kendi hevesini gözeten ve maalesef bunun için de her şeyi yapabilen bir canlı türünün dünyayı kendine göre şekillendirmesinden bahsetmek durumundayız. Her gün canının istediğini yiyebilmek de işte böyle tuhaf bir canlının tuhaf ve doğal olmayan isteklerinden sadece bir tanesidir.

Evrimsel ve ekolojik yönden bu denge mantığı, yediklerimizin neden "yerel ve mevsiminde" olması gerektiğini aslında bize çok güzel anlatır. O bölgede ve belirli zaman aralıklarında (mevsimlerde), farklı biyolojik örüntülerin varlığı geçerlidir. Milyonlarca yılda incelikli seçilim süreçleri ile oluşmuş bu örüntüler, tüm canlıların "optimal" fayda sağlayabileceği doğal bir dinamik dengeye oturmuş durumdadır. Patlıcan, kiraz, elma veya lahana o nedenle belli mevsimlerde ortaya çıkar. O nedenle belli mevsimlerde bunların tüketilmesi gerekir.

Sonuçta her dönemde farklı canlılar ortama hâkim olur; yaz ve kışın bitki-hayvan dengeleri farklıdır. Seçilimin ana kuralı olan "üreme başarısını artırma" kıstası, bu birlikte oluşan canlı çeşitliliği ve dengesinin de en belirgin yönlendirici güçlerinden biridir. Yani mevsiminde tükettiğimiz ve yaşadığımız çevrede yetişebilen her türlü besin; bedenimiz açısından daha besleyici, sağlığımız açısından da daha uygun olacaktır.

Bu bilgiler aslında tabiata bakan herkese açıktır. Bunları görebilmek uzmanlık gerektirmez. Ama insanın "canının istediğini istediği zaman tüketebilme" güdüsü, bu açık gerçeği görmeyi ve hayatımızı ona göre düzenleyebilmemizi de başarıyla engeller. Bunun için isterseniz biyokimyacı ve diyetisyenlerin yapacakları bilimsel çalışma sonuçlarını bekleyebilir, isterseniz milyonlarca yıldır olduğu gibi tabiata gömülmüş o kadim bilgeliğe güvenmeyi tercih edebilirsiniz.

ANORMAL BESİN TÜKETİMİNİN MALİYETİ

Günümüzde geldiğimiz noktaya şimdi farklı bir gözle bakabiliyorsunuzdur sanırım... Bütün bunların sonucunda, zaten bakan herkesin görebildiği temel sorun bir kez daha karşımıza çıkıyor. Dünyanın belli bir kesimi, ki biz bunlara gelişmiş ve gelişmekte olan ülkeler diyoruz, anormal miktarda besin tüketimini, hatta daha doğru bir ifadeyle "israfı"nı temel yaşam tarzı olarak benimsemiş durumda. Küresel iklim değişiklikleri için sorumlu aranırken, hepimizi, sofralarında et tüketen herkesi doğrudan "zanlı" yapan esas neden, çoğunlukla gözden kaçar.

Günümüzde gözlemlediğimiz iklim üzerindeki sıra dışı değişikliklerin temel nedeni olarak düşündüğümüz "küresel ısınmanın" dünya çapında en önemli kaynağı, özellikle Amerika Birleşik Devletleri gibi gelişmiş birkaç ülkede "et üretmek" amacıyla yetiştirilen sığırların atıkları ve gazlarıdır. Bizlere "banyo veya temizlik suyundan tasarruf" dersleri veren uzmanlar, nedense her yıl insanların içme ve temizlik için harcadıkları suyun yüzlerce kat fazlasını hayvan yetiştiriciliği ve mono-kültür tarımı için harcamak zorunda olduğumuzu gündeme getirmezler.

Her yıl insanların "et yiyebilmesi" için milyonlarca sığır kesiliyor. 2018 yılı rakamlarına göre dünya çapında küçük ve büyükbaş hayvan sayısı 1 milyarın üzerinde. Ortalama tavuk sayısının tüm dünyada 50 milyarı aşmış olduğu tahmin ediliyor. Bu kadar hayvanın beslenmesi, bakımı, atıklarının ortadan kaldırılması müthiş bir maliyet anlamına geliyor. ABD'de hayvan besiciliğinden kaynaklı atıklar nedeniyle Amerika kıtası çevresindeki okyanuslarda hektarlarca "ölü alan" oluşmuş durumda. Bu ölü alanlarda hiçbir canlı yaşayamıyor. Ayrıca bu ölü alanlar gittikçe büyüyor ve okyanustaki yaşamı da tehdit ediyor.

Okyanuslara gelirsek, onlar her ne kadar farkında olmasak da bizim yaşamımızın doğrudan kaynağı. Dünyanın oksijeninin büyük kısmı okyanuslarda yaşayan tek hücreli fotosentez yapabilen mikroorganizmalar tarafından üretiliyor. Fakat aşırı tüketimimiz ve çöplerimiz sayesinde bugün denizlerimizin asitlik düzeyi de hızla yükseliyor. Durum zannettiğimizden çok daha kötü boyutlarda: Okyanuslar ileri düzeyde asitleşti ve bu nedenle okyanusların can damarları olan mercanlar, yeşil bitkiler ve binlerce balık türü birer birer dünyadan çekiliyor. Bu gidişle çok yakında bırakınız yiyecek besin bulmayı, soluk alacak oksijen sıkıntısı da baş gösterebilir...

Amacım felaket tellallığı yapmak değil; ayarlarımızdan sapmanın bizim gibi bir canlıya maliyetine dair genel bir fikir verebilmek istiyorum. Bütün bunlar, son fabrika ayarımız olan "Sınırları Aşmak" bölümünde de tartışacağımız gibi, biyolojik sınırlarımızın ve yeteneklerimizin çok ötesinde işler becerebilmemizin karanlık taraflarının sonuçları. Yine aynı özelliğimizin müspet ve aydınlık taraflarını işleterek bu durumlardan kurtulabilir yahut zararı en aza indirebiliriz. Bu kurtuluş sürecinin başlangıcı ise "aslında ne olduğumuzu" yani İnsanın Fabrika Ayarları'nı hatırlamaktan, kendimizin ve hayatımızın farkına varmaktan geçiyor.

Buradaki konumuzun nedeni de çözümü de açıktır: İnsanlar bu denli etobur canlılar değildir. Evet, beslenmemiz için et de gereklidir, fakat bu ihtiyacımız çok sınırlı bir düzeydedir. Haftada bir yahut ayda birkaç kez et tüketmek bize rahatlıkla yeter. Bugün maalesef birçok insan, günde birkaç yüz gram et yemeden kendini yemek yemiş saymayabiliyor. Özellikle günümüzde, istediğimiz içeriklere sahip besinlere ulaşmanın bu kadar kolay olduğu bir ortamda halen "açgözlü avcı-toplayıcılar" gibi yemek, bir nevi akılsızlık oluyor. Bu akılsızlık "modası", modern imkânların bize sağladığı aşırı seçenek bolluğuyla, doymak bilmez evrimsel ayarlarımızın talihsiz etkileşiminin sonuçlarından biri olarak ortaya çıkıyor.

İSTATİSTİKLE SAĞLIK OLUR MU?

Kilomuzu, kan değerlerimizi, tansiyonumuzu, günlük yürüme miktarımızı, beden ölçülerimizi ve egzersiz sıklığımızı belli istatistikî "ortalamalara" göre belirleriz. Bir şekilde öğrenmişizdir; ortalamadan her sapma bizi rahatsız etmelidir, ortalama olana kadar tedbir almaya devam etmemiz gerekir. Bu ortalamaların adına "normal değerler" deriz ve "normal olmadığımız" zaman ya hasta olduğumuza yahut bir şeylerin ters gittiğine emin oluruz. Sadece biz sıradan insanlar değil, sağlığımızı emanet ettiğimiz doktorlarımız da maalesef böyle bir refleksi sıklıkla gösterebilmekte...

Modern tıbbın ve yaygın olarak kabul gören bilimsel anlayışın bize bir hediyesi olan istatistiksel bakış, dünya ve benlik algımızı ciddi oranda belirlemeye, şekillendirmeye başlayalı çok zaman oldu. Mesela sıradan ve aslında genellikle "sağlıklı" bir erkek olarak bizzat ben, kendimi, bel ve göğüs çevrem, kilom, tepemdeki saç miktarım gibi bir sürü kıstasa göre, belli bir standarda uymak zorunda hissederken buluyorum. Kan tahlilimde çıkan analiz sonuçlarında, normal aralıktan biraz olsun sapma gösteren değerler belirdiğinde (ki bilgisayar artık bunları otomatik olarak koyu renkli ve yıldızlı olarak veriyor), kendimi rahatsız hissediyorum. Halbuki hastaneye sadece rutin bir kontrol için gitmiştim ve olumsuz hiçbir şey hissetmiyordum. Bununla birlikte "ortalama"ya göre "normal" değer aralıkları her birimiz için nasıl da bu kadar bağlayıcı, belirleyici sayılıyor diye düşünmek gerekiyor aslında. Çünkü her birimiz hiç kimseye benzemeyen bir simaya, ses tonuna, parmak izine, geçmişe ve farklı zihinlere sahibiz; bunlar da diğer tüm değerlerimiz gibi bize özeller.

Mesela, bir insan temel ayarları ve yaşam ortamı nedeniyle biraz fazla kilolu olabilir. Eğer bu kişi ortalamalara uymak adına "kilo verme" telaşı ile her türlü tedbiri sürekli denemek zorunda kalırsa, bu tarz bir bakış çarpılması onun için en öncelikli stres kaynaklarından biri haline gelebilir. Öyle ki, insan sırf bu gerginliğin yaratabileceği muhtemel olumsuz zihin ve beden tepkileri nedeniyle erkenden yaşlanıp hayat fonksiyonlarına veda bile edebilir. "Sürekli yediği halde kilo alamayan" yahut "her türlü rejimi denesem de olmuyor, kilo veremiyorum" diyen insanlara belki de "bunu yapmamalısın" demek gerekecektir.

Yaşam ve sağlık, bütüncül kavramlardır. Sadece kan kolesterol düzeyiniz, tiroid hormon miktarınız yahut laktozu sindirememeniz ile sağlıksız yahut hasta olmazsınız. Bunlar gibi "sapmalar" tabii ki bazı rahatsızlıkların işaretleri olabilir. Ancak hastalıkların dışında, sadece size has durumlar veya çeşitliliğin sizdeki yansımaları şeklinde de belirebilir. Belli parametreleri belli değerlere ulaştırmak sağlık değildir. Sağlık; hayatımızdaki toplam kaliteyi gözeterek, fabrika ayarlarımıza göre "Ne kadar doğru yapıyorum? Nasıl hissediyorum?" sorularının kişisel cevaplarının bilinci ile yaşayabildikçe korunabilen bir hediyedir.

Tıp fakültesinin fizyoloji ve patoloji gibi derslerinde sevdiğimiz bir egzersiz vardır. Hastaneye gelen farazî bir hastanın dijital kan tetkik değerleri öğrencilere verilir ve olası bir hastalığı varsa öğrencilerden bunu teşhis etmeleri istenir. Henüz ikinci yahut üçüncü sınıftaki tıp öğrencileri, yeni öğrendikleri tüm hastalıkların hangi kan değerinde ne değişiklikler yaptığını ezberlemekle meşguldürler o sıralarda. Bundan dolayı, ellerindeki sayılara bakınca "normal değerlerden sapan" tüm değerler hızla dikkatlerini çeker ve 70 kilogramlık normal bir erkek için verilmiş ortalama değerlerdeki her sapmayı bir "sorun" olarak teşhis etmeye programlanırlar.

Bir deneme yaparak, değerleri doğru olarak seçer ve tuzak bir soru hazırlarsanız; öğrencilerin gayet sağlıklı bir sporcuya birçok hastalık yakıştırabileceğini görebilirsiniz. Mesela profesyonel bir vücut geliştirme sporcusu, özellikle müsabaka zamanlarında aşırı zorlandığı için kanında bol miktarda kas ve kalp proteini bulunabilir. Ayrıca beslenme ve antrenman durumuna göre kanındaki şeker ve yağlar (trigliseridler) anormal oranlarda gözükebilir. Sadece kan değerlerine bakacak olursanız, genç Arnold Schwarzenegger'a kalp yahut kas hastalığı teşhisi koyabilirsiniz. O kişiyi görmeden sadece değerlerine bakarak teşhis konamayacağını öğretmek için bu uygulamalar birçok tıp fakültesinde uygulanır. Fakat ne çare ki ileride fakülteyi bitirip diplomalarını alan birçok doktor dahi bu gizli tehlike kaynağını unutmaya meyillidir. Zira elimizdeki teknolojik cihazların ve tıbbî yöntemlerin "ortalamalar çerçevesindeki" değerlendirmelerine dayalı bir meslek icrası çok daha kolay, risksiz ve konforludur. Tabii özellikle de doktorlar

SAĞLIĞI KORUMAK VE TIP

Ömürler uzadı; artık dizanteriden yahut çocuk felcinden pek kimse ölmüyor. 1900'lerin başında milyonlarca insanın temel ölüm nedeni olan grip rahatsızlığı, bugün modern şehirli insanlar için çoğu zaman sadece bir zoraki dinlenme vesilesi. Bütün bunlar ise bugün modern tıp dediğimiz uygulama ve teknolojiler sayesinde mümkün hale geldi.

Elbette bu gelişmeler için şükür duygusu hissetmemek elde değil. Artık eski insanların korkması gereken birçok hastalık ve ölüm nedeninden uzağız. Fakat daha önce atalarımızın hiç endişelenmek zorunda kalmadığı yeni ölüm nedenlerimiz var: Kalp ve damar hastalıkları, yüksek tansiyon, kanser, şeker hastalıkları ve diğerleri... Bunların nedenlerini özellikle stres üzerine olan bölümümüzde tartışacağız. Fakat modern tıbbın bize sağladığı ilginç bir illüzyonu da burada paylaşmadan geçemeyeceğim:

Modern tıp, hastalıkların tedavisine odaklanmış durumdadır. Halbuki tıbbın esas işi, sağlığı korumak ve sürdürmek anlamına gelen koruyucu hekimlik meselesidir. Bugün maalesef kuşbakışı bakıldığında, tıbbî yöntemlerin, ilaçların ve cerrahinin bize verdiği çok basit bir mesaj olduğunu görürüz: "Sen ye, iç, kafana göre takıl. Gönlünce tüket, haz al, dene, yanıl. Olur da sistemin bozulursa, biz seni onarırız." Yani özetle "Sen arıza verince bana gel." diyen bir sektör var artık elimizde.

Sağlıklı yaşam önerileri, çeşitli uzmanlığa sahip doktorların birbirleri ile ters düşmesi ve hatta kavga etmesine neden olacak kadar muğlak hale geldi. Birileri sürekli vitamin takviyeleri ve sofistike temizleme yöntemleri tavsiye ederken, başka birileri hayat boyu birtakım gıdalardan yoksun kalmayı salık verecek kadar farklı bakış açılarına sahip olabiliyor. Sıradan insanların bu bilgilerin doğruluğunu veya yanlı(ş)lığını sınama imkânları ise maalesef yok. Bu nedenle sağlıklı ve doğru yaşam konusunda kafalar genelde karışık ve ortada büyük bir kaos var.

Ben bunun en büyük sebeplerinden birisi olarak tıp eğitiminin genelde "biyoloji ve evrimsel geçmiş" bağlamından koparak, far-

açısından... Gerçek hekimlerin ise hastayı görmeden, detaylı bir fizikî muayene yapmadan teşhis koymamaları gerektiğini biliriz. Fakat ne hikmetse, bu işi hep küçük bir azınlığa bırakırız.

Özetle; ortalamalar ancak tıbbî istatistiklerdir ve bize kendimiz hakkında çok az şey söylerler. Tıbbî parametre değerlerimizi belli bir ortalamaya çekmek için harcayacağımız çabayı, daha bilinçli, daha neşeli, daha doyum içinde ve daha dikkatli bir hayat yaşamaya harcarsak, ortalamalardan endişelenmemize de gerek kalmayacaktır.

RUTİNİ KIRMAK

Biz insanlar formüllere, listelere, adım adım yürüyen planlara bayılırız. Bir diyet uzmanı yahut doktor bize "haftanın şu, şu, şu günleri sabah, öğle, akşam ve ara öğünlerde şunu, şunu, şunu ye, şunları yeme" dese, kendimizi bir anda iyi hisseder; o kişinin elimize hayatımızı kurtaracak sihirli bir reçete tutuşturduğu düşüncesine kapılabiliriz.

Birilerinin bizi bir programa bağlaması, evet, kendimizi daha rahat hissetmemizi sağlıyor. Bu aslında anlaşılır bir şey; bir kere sorumluluk artık "bizden" çıkıyor. Ne de olsa bir uzman, bir araştırmacı, bir profesyonel bizim için uğraşıp sağlıklı bir liste veya plan hazırlamış, değil mi? Tek yapmamız gereken onu olabildiğince dikkatlice uygulamak. Sağlık bu basit perhizin ucunda işte!

Fakat işler pek de öyle yürümüyor sanki? Büyük bir umutla elimize aldığımız o büyülü diyet listelerine bir türlü uyamıyoruz nedense. Arada bir kendimizi muhakkak "kaçamaklar" yaparken yahut yapmak üzereyken yakalıyoruz. Sıkılıyoruz... "Yeni bir başlangıç" yapacağımız o günü elimizden geldiğince erteliyoruz. Genellikle hep "bir sonraki pazartesi" başlamak üzere karar vererek "zaman kazanmaya" çalışıyoruz. Duyduğumuzda o kadar hoşumuza giden planlara neden sadık kalamıyoruz peki?

Nedeni aslında tabii ki yine "fabrika ayarlarımız"da yatıyor. Daha önce de çeşitli vesilelerle vurguladığım gibi milyonlarca yıl içinde tabiatın "âdetleri" ve "ritimleri" her birimizin beden yapısına işlemiş ve bizim âdet ve ritimlerimiz haline gelmiştir. Tabiat, kaotiktir. Bu evrendeki hemen hemen tüm oluşlar, saat gibi periyodik ve yeknesak değildir; "aperiyodik" yani bizim beklediğimiz anlamda düzenli tekrarlar göstermeyen bir karmaşık ritme tâbidir.

Tabiat bu şekilde kendine has ve bizim düzen algımızdan farklı bir ritme sahipken ne zaman ne olacağı öngörülebilir değildir. Bizim sistemimiz de aslında tam olarak böyle içsel bir ritim ve algıya sahiptir. Bu kaotik tabiat içinde yoğrulduğumuzdan, düzeni belirsiz, şaşırtıcı, yeknesak olmayan olay ve ritimler bize daha doğal, daha "fıtrî" gelir.

Bazı uzmanlar, kaynağı belirsiz bir şekilde "günün en önemli öğünü"[23] diye adlandırılan kahvaltıyı "arada bir" geçiştirmenin insanlara "iyi geldiğini" iddia edebiliyorlar.[24] Bu öneri elbette tartışmaya açıktır. Kahvaltı aslında sadece öğünlerden biridir; kahvaltıda yenen şeyler yahut diğer öğünlerde tüketilen besinler rahatlıkla istenen öğünde tüketilebilir. Fakat eldeki birçok kanıt ve her birimizin günlük deneyimleri, yeknesak ve aşırı düzenli alışkanlıkların bazen bizi "strese soktuğunu" gösteriyor. Genel olarak bedeni şaşırtmak ise onu diriltip olumlu yönde çalışmasını kolaylaştırabiliyor.

Bu durum aslında günlük hayatımızda çoğumuzun yaşadığı bir tecrübedir. Rutinler, tekrarlar, özellikle de pek kendimizi kaptırmadan, akışa geçmeden yapageldiğimiz tekrarlı ve sıkıcı işler hem zihinsel hem bedensel açıdan bizi hep yorar ve sıkar. O rutini bir şekilde kırdığımızda ise kendimizi daha iyi hissederiz. Dünyanın en sağlıklı yiyeceği de olsa, her gün aynı saatte aynı şeyleri tüketmek, bedeni hep aynı şeylerle beslemek "metabolik stres" dediğimiz genel bir sıkıntı tablosunu ortaya çıkarabilir.

İnsan bedeni çeşitliliği ve kaotikliği sever; bunu bulamadığında ise kaynağını tam anlayamadığımız bir "stres" tepkileri dizisini devreye sokar. Mekanizmasını tam bilemesek de bunun ortaya

23 Yaygın kabul gören bir iddiaya göre "günün en önemli öğünü" sözü, Amerika'da bir mısır gevreği firmasının yaptığı televizyon kampanyasında kullanıldıktan sonra akıllara yerleşmiş gibi görünüyor. https://www.theguardian.com/lifeandstyle/2016/nov/28/breakfast-health-america-kellog-food-lifestyle

24 https://thehealthsciencesacademy.org/health-tips/skipping-breakfast

çıkış nedenini anlamak kolaydır: İnsanoğlu ve ataları, tabiatta böyle bir düzene alışkanlık kazanabileceği uzun süreli deneyimi hiç yaşamamıştır.

Biyolojinin temel ilginçliklerinden, hatta kurallarından birisi şudur: Biyolojik bir sistem, stresle karşılaştığı zaman bir şekilde gelişmek ve iyileşmek zorunda kalır yahut buna yönelik bir çalışma "moduna" geçmeye çalışır. İçten veya dıştan gelen, beklenmeyen her türlü minik değişiklikler, bu noktada "küçük stresler" olarak düşünülebilir. Mesela acıkmak, terlemek, üşümek, kaşınmak, sıkılmak, ağrı-sancı çekmek gibi duygulanım ve duyular; dikkat edilirse, her zaman "harekete geçirici" bir işlev görür. Böyle küçük stresler bizi karşı yönde davranış üretmeye ve o sorunu çözmeye zorlar. Aynı zamanda bedenin içsel çalışma mekanizmaları da genellikle bu tip durumlarda özel bir savunma durumuna geçerek eldeki tüm kaynakları daha verimli ve farklı kullanmanın yollarını keşfeder.

Nietzsche'nin de dediği gibi eğer o sıkıntı "öldürücü" değilse bizim için "geliştirici" etki yapar. Bu tip tüm küçük streslerin zararlı olabileceği durumlar ise "akut" biçimden yani kısa süreli hallerden "kronik" biçime yani uzun süreli hallere geçmelerine bağlıdır. (Düşük Stres başlığında burayı yeniden tartışacağız.)

Bu kitapta bahsettiğimiz bütün fabrika ayarları için genel olarak şunu söyleyebiliriz: Beklenmedik, sürprizli ve hafif stres yaratan her şey bizi bir şekilde hem bedenen hem de zihnen geliştirecektir. Buradan fabrika ayarlarımıza dönüşümüze dair bir ipucu daha çıkar: Günlük rutinimizi keyfimize göre biraz bozmak iyi bir fikirdir...

Şöyle bir bakarsanız hayatınızda devamlı tekrar eden ve size pek de iyi gelmediğini fark edebileceğiniz bir şeylerin varlığını görebilirsiniz. Bunları daha iyi fark edebilmek için bir süre farkındalık egzersizleri ile genel bir dikkat geliştirmek gerekebilir. Ardından fark ettiğiniz şeyleri bir kenara not etmeye başlayabileceksiniz. Böylece bu tarz sıkıcı ve daraltıcı rutinleri yakaladıkça onları arada bir değiştirmeyi düşünebilirsiniz. Her seferinde minik bir rutini değiştirmekle uğraşarak, bir zaman sonra gerek fiziksel gerekse zihinsel dünyanızda büyük değişikliklerin gerçekleşmeye başladığını gözlemleyebilirsiniz. Denemesi bedava!

makolojik ve terapötik (tedaviye odaklı) bir uygulama alanına dönüşmesini görüyorum. İnsanın biyolojik sistem açısından yerini ve ne olduğunu tam bilemeyen hekim adayları, bu karmaşık organizmanın dertlerini "kalıp" reçetelerle çözme kolaycılığına dayanan bir eğitim sistemini mecburen benimsemek zorunda kalıyor.

Tıp eğitimi sırasında ve sonrasında çeşitli vesilelerle kendini geliştirebilmiş ve gerçekten de insanın özüne uygun sağlıklı yaşamın örüntüsünü anlayabilmiş az sayıdaki hekim müstesna, doktorlarımızın çoğu maalesef var olan anlayış ve paradigmanın uygulayıcıları olmaktan öteye gidemiyor. Bunların çoğu, en basit bir bitkisel yahut geleneksel besin uygulamasının bile etkisini değerlendirebilecek bir deneyimden ne yazık ki mahrum...

Bu konu için size daha açık (ve acı) bir örnek verebilirim. Çocuklarda görülebilen anne sütüne bağlı doğal sarılığı önleme konusunda geleneksel olarak önerilen "doğar doğmaz bir çay kaşığı şekerli su verme" uygulamasına paranoid bir ihtiyatla yaklaşırken, etki mekanizması ve yan etkilerini doğru dürüst bilmediğimiz nice ilacı henüz doğmuş bebeklerimize verebilen (ve aynı zamanda alanlarında gerçekten çok iyi ve haklı otorite olan) hekimler tanıdım. Doğal ve deneyimsel olanlar, bizim için artık korkulması gereken birer muamma haline dönüşürken; yeni icatlarımız olan kimyasal müdahale ve beden hakkındaki bilimsel ön-kabullerimiz, güvenli alanlarımız olarak algılanır olmuş durumda.

Günümüzde artık şeker hastalığından kansere birçok "yeni" sorunun insanın "psikolojik yapısı" ile ilintili, hatta oradaki sorunların doğrudan sonuçları olarak ortaya çıktığını gittikçe daha iyi anlıyoruz. İnsanda bütüncül bir iyilik hali sağlamadan, yeme-içme yahut ilaçlarla sağlık kazanılamayacağını çoktan anladık. Bu anlayışımızı tıbben bir türlü uygulayamama nedenimizse "koruyucu hekimlik" müessesesinin ölmüş olmasıdır.

İnsanları hastalıklardan kurtarmanın onları sağlıklı yaşatmaktan daha öncelikli bir iş olduğu bu minvalde, kimse insanların nasıl doğru yaşayabileceğine dair kafa yormak için vakit ve enerji bulamıyor. O nedenle eğer belli bir hastalıktan mustarip değilseniz, bu devirde yapabileceğiniz en akıllıca işlerden biri, sağlığınızı korumak için kendi hekimliğinizi üstlenmeniz ve doğru yaşama kurallarınızı bireysel olarak keşfe başlamanızdır. Bu kitabın yazılış amaçlarından biri de bunu sağlayabilmek ve size bu yolda cesaret verebilmektir...

Yıllardır her yerde sıklıkla hatırlatırım, yine bu vesile ile tekrar edeyim: İlaçla tedavi edilebilen kronik (süreğen) hiçbir hastalık yoktur. Bir başka deyişle, modern tıpta henüz maalesef kronik hiçbir hastalığın tedavisi yoktur. İlaçla tedavi edilebilen hastalıklar zaten grip gibi geçici olan hastalıklardır. O yüzden insanları daha kronik hastalıklara düşmeden önce, o hastalıklardan uzak tutmak tıbbın birinci görevi olmalıdır. İlaçlar yahut diğer tıbbî girişimler; şeker, tansiyon, kanser, kalp-damar sorunları gibi sorunlarda ancak belirtileri normale çekecek düzenleyiciler olarak iş görür. Nedenleri ortadan kaldırarak iyileşme sağlamazlar. İyileşme, ilaçtan bağımsız olarak sağlığı sürdürebilme halidir ve maalesef bu ilaç endüstrisine dayalı modern tıbbın pek tercih edebileceği bir hedef değildir.

Halbuki hekime gerçekten ihtiyaç duyduğumuz zamanların sağlıklı olduğumuz zamanlar olması gerekirdi. Sağlıklı zamanlarımızda hekimlerimiz bize bilgece doğru yaşamanın yöntemlerini hatırlatabilse ve bizi bu konuda uyarabilse, sağlığımızı korumak ve sağlıklı bir ömür sürmek konusunda çok daha başarılı olabilirdik. Ne çare ki bunları tıp fakültesinde dahi derli toplu bir biçimde öğretemiyoruz.

Bu gözlükle bakıldığında, çokça tepki alan bir ifademi tekrar edeyim (yazılı olarak da kayıtlara geçmiş olsun): Modern tıp, bu biçimiyle tedavi etmekten çok hastalık üretmektedir. Tıbbın verdiği altı boş özgüven, insanları daha sorumsuz ve bilinç dışı yaşamaya istemsiz olarak sevk etmektedir. Bu durum elbette hekimlerimizin yahut yönetimlerin suçu değildir. İnsanoğlunun tercih ettiği "hedonist" yaşam tarzı, doğal olarak böyle bir kopuşu da beraberinde getirmiştir. O mevsimde yetişmeyen bir meyve-sebzeyi yemeyi hak olarak görmek gibi, ayarlara aykırı bir yaşamı inatla sürdürmeyi de hak zannediyoruz. Buna en büyük destek ise "Sen bozul, biz yaparız..." mesajını bilinçsiz olarak veren tıp alışkanlığımızdan geliyor.

Tıbbı tekrar ait olduğu merkezî ve "hikmetli" konuma getirmek, tedavi edicilerimizi doktor yerine "hekim" diye vasıflandırmak istiyorsak işe en azından tıp eğitimine biyoloji ve evrimsel/ekolojik bakış açısını sağlam bir biçimde yerleştirmekle başlayabiliriz. Tabii bunu yaparken, inşallah *İFA*'dan sonraki kitabın konusu olacak olan "manevî bir varlık olarak insan" meselesini de ıskalamamamız gerekiyor. Zira modern bilimde de eksik olan en önemli konu maalesef halen budur.

MODERN TIP ANLAYIŞI VE İFA

Buraya kadar özetlemeye çalıştığım sorunların çoğu, arzu ettiğimiz her şeyi hemen elimizin altında bulmayı istediğimiz için ortaya çıkar. Bu insanın ayarında vardır. Çabuk iyileşmek ister, ilaçlara koşarız; çabuk zengin olmak ister, dolandırır yahut dolandırılırız. Çabuk kilo vermek ister, bu nedenle sağlıksız hale gelir ve hatta ölürüz. Çabuk doymak, bolca haz almak isteyince de bunun için tüm sistemimizi bozarız...

İnternette insanların en çok satın aldığı şeylerin başında zayıflama ilaçlarının, mucize kürlerin, yaşlanma karşıtı kremlerin ve cinsel gücü artırıcıların gelmesi tesadüf değildir. Kendimizi tanımadığımız, hayata dair büyük amaçlarla fazla haşır neşir olmadığımız ve boşluk hissine mâni olacak meşgalelerden koptuğumuz zaman kolayca kapılabildiğimiz çocukça arzularımız, çoğu zaman yaşamımızı çekilmez hale getirmekte gecikmezler. Çabuk sonuç ve haz odaklı bir yaşam ve tüketim alışkanlığı, bizi aşikar ki çok daha sağlıksız ve bedenen kararsız yapacaktır. İnsanın haz sistemi de doyurulmalı ve tatmin edilmelidir elbette. Fakat hazların, yaşamsal davranışlar için teşvik etmek amacıyla var olduklarını ve haz sistemlerinin kötüye kullanılmaları durumunda hayatı nasıl berbat edebileceklerini sürekli aklımızda tutmamız lazım. Gerçekte ne istediğimizi, ne istemeyi unuttuğumuzu, hazlara dalarak neyi unutmaya çalıştığımızı sıklıkla kontrol etmemiz gerekir. Bunun için "kendimizi tanımak" ve kendimize özel olarak fabrika ayarlarımızın nasıl yapılandırılmış olduğunu fark etmek hayatımızı doğru düzgün yaşamamız için ilk şart olarak sıklıkla hatırlanmalıdır.

Buraya kadar anlatmaya çalıştığım her şey aslında basit bir gerçeğin yanına eklenmiş parantez mâhiyetindedir: Biyolojik bir canlı olarak temel amacımız hayatta kalmak ve üremektir. Gelişmiş zihinsel özelliklerimiz sayesinde bu konuda çok acayip çözümler, icatlar, fikirler ve yollar geliştirebiliyoruz. Ama bu gelişmiş zihin, kendinizi bilip anlama fırsatı bulamadığında, kendi sonunu ve cehennemini de hazırlayabiliyor. İşte o nedenle kendini anlamak, en azından biyolojik donanımını makul bir oranda fark edebilmek, doğru yaşamın en önemli giriş kapısıdır. Aksi takdirde bize "mucizeler vaat eden" her insanın peşine düşme riskimiz az olmayacaktır. Zira o "ölümsüzlük ve ebedî gençlik" hayali bu ölümlü dünyada peşimizi hiç bırakmayacaktır...

Bu kitapta anlatılanlar, hastalık tedavilerinde kullanılmak için değil, doğru yaşamak ve mümkün mertebe hasta olmamak içindir. Modern tıbbın en zayıf tarafı olan koruyucu hekimliğin önemini unutmamış olan hekimler ve sağlık çalışanları, buradaki bilgilerden hem kişisel hem de profesyonel olarak çokça istifade edebilirler. Fakat hastalıklar söz konusu olduğunda tıbbın dokunuşu hâlâ elimizdeki en verimli araçtır.

I. KİTABIN SONU

İNSANIN FABRİKA AYARLARI

I. KİTAP: BEDEN

İFA-1: Hareket

İFA-2: Az, Çeşitli ve Aralıklı Yemek

II. KİTAP: İLİŞKİLER VE STRES

İFA-3: Olumlu ve Zengin Sosyal İlişkiler

İFA-4: Düşük Stresli Bir Yaşam

III. KİTAP: SINIRLARI AŞMAK

İFA-5: Sınırları Aşmak